专利申请文件撰写与审查指导丛书

U0500433

新领域、新业态发明专利申请热点案例解析

主　编◎肖光庭

副主编◎王京霞　邹　斌

知识产权出版社

全国百佳图书出版单位

——北京——

图书在版编目（CIP）数据

新领域、新业态发明专利申请热点案例解析/肖光庭主编．—北京：知识产权
出版社，2020.1（2023.4 重印）
ISBN 978-7-5130-6527-6

Ⅰ.①新…　Ⅱ.①肖…　Ⅲ.①专利申请—案例—中国　Ⅳ.①G306.3

中国版本图书馆 CIP 数据核字（2019）第 224111 号

内容提要

本书由国家知识产权局专利局资深专利审查人员编写，书中所选案例经编委会反复推敲，紧密结合当下热点、覆盖领域广泛、分析内容全面、案例阐释充分。本书共三章，分别从新领域、新业态创新成果的保护，相关申请客体判断案例解析与相关申请创造性评判案例解析作出论述，以期达到理论与实践的有效融合，为专利工作者及研究人员提供切实指导。

责任编辑：龚　卫　　　　　　　　责任印制：刘译文
封面设计：张　冀

新领域、新业态发明专利申请热点案例解析

XINLINGYU XINYETAI FAMING ZHUANLI SHENQING REDIAN ANLI JIEXI

主　编　肖光庭

副主编　王京霞　邹　斌

出版发行：	知识产权出版社 有限责任公司	网　　址：	http://www.ipph.cn
电　话：	010-82004826		http://www.laichushu.com
社　址：	北京市海淀区气象路 50 号院	邮　编：	100081
责编电话：	010-82000860 转 8120	责编邮箱：	laichushu@cnipr.com
发行电话：	010-82000860 转 8101	发行传真：	010-82000893
印　刷：	北京中献拓方科技发展有限公司	经　销：	各大网上书店、新华书店及相关专业书店
开　本：	720mm×1000mm　1/16	印　张：	15
版　次：	2020 年 1 月第 1 版	印　次：	2023 年 4 月第 3 次印刷
字　数：	270 千字	定　价：	68.00 元

ISBN 978-7-5130-6527-6

编委会

主　编：肖光庭

副主编：王京霞　邹斌

编　委：郭永菊　栾爱玲　顾　静　许菲菲

　　　　韩　燕　苏　丹　李　晨　董方源

　　　　孟田革　王　艳　田丽娜　伊　健

前　言

　　根据国务院关于加强新领域、新业态创新成果保护的具体要求，互联网、大数据、电子商务、人工智能、区块链等领域的发明专利申请的数量与日俱增。上述领域专利申请因应用领域广、非技术性内容与技术内容交织等特点，导致在客体判断和创造性评判方面给专利申请和审查实践均带来了一些难点和困惑。本书通过选取新领域、新业态有代表性的典型案例，以期让创新主体和社会公众深入了解相关专利申请的审查方式和保护现状，促进专利申请和专利审查质量共同提升。

　　全书共分三章。第一章围绕国务院关于加强新领域、新业态创新成果保护的具体要求，解读从法律支撑到审查实践所作出的措施调整和审查方式的改变。第二章依托典型案例解读新领域、新业态发明专利申请如何成为专利保护客体。第三章围绕典型案例解读新领域、新业态相关发明专利申请如何才能具备创造性。

　　书中所选案例经过编委会反复讨论，力求结论正确，阐释充分。为提升本书的全面性，在案例选取方面，案情涉及互联网、电子商务、大数据、人工智能、区块链等领域，兼顾了领域的广度和热度。在审查规则适用方面，案例涉及对于技术方案的判断方式以及以用户体验改进为目的、商业应用场景不同、以仿真及数学建模为手段时容易给创造性判断带来困惑的情形。

　　本书主编为国家知识产权局专利局电学发明审查部部长肖光庭，副主编为计算机四处处长王京霞、商业数据处理系统处处长邹斌，编委为部门负责计算机领域发明专利申请实质审查的业务处室的处室负责人或业务骨干以及部门负责质量保障和业务指导的处室负责人，具体包括电学发明审查部质量保障处处长郭永菊，电力二处处长栾爱玲，计算机二处副处长许菲菲，计算机三处副处长李晨、苏丹，计算机五处副处长韩燕、顾静，商业数据处理系统处副处长董方源，计算机四处审查员孟田革，超级计算系统处审查员王艳、质量保障处审查员田丽娜、伊健。

由于写作水平有限，不免存在挂一漏万之嫌，在此敬请谅解并望不吝指教。

目　　录

第一章

加强新领域、新业态创新成果的保护

2015 年国务院连续发布了《关于积极推进"互联网+"行动的指导意见》《关于促进大数据发展行动纲要》等文件，这一系列关于互联网、人工智能、大数据发展的指导意见及政策，标志着我国新业态的创新发展已经上升至国家战略高度。

习近平总书记在党的十九大报告中也提及了"人工智能"和"大数据"的概念，报告指出："加快建设制造强国，加快发展先进制造业，推动互联网、大数据、人工智能和实体经济深度融合，在中高端消费、创新引领、绿色低碳、共享经济、现代供应链、人力资本服务等领域培育新增长点、新功能。"

目前，以互联网、大数据、云计算、物联网、人工智能等为代表的互联网技术带动了传统产业的升级，催生出新的产业形态，产业规模急剧提升，促进了互联网经济的快速发展。

本书以专利审查为视角，以新领域、新业态创造成果相关发明专利申请的典型案例为依托，全面介绍有关新领域、新业态创新成果的保护现状和审查标准。

第一节　加强专利保护的必要性

一、保护现状

随着云计算、大数据等技术的发展和运用，互联网、物联网等新技术越来越深入地融合到各行业，行业格局面临重新洗牌，在这一融合过程中，软件技术的发展与改进能力是至关重要的影响因素，加强软件保护在这变革的当下至关重要。

日前，国内软件产业发展迅速，尤其是应用软件方面已经取得突出的表现。早在 2013 年，中国智能手机出货量就已达 4.23 亿部，全球市场份额超过 50%，以智能终端为接入界面，互联网内容由门户网站主导网页转向 APP 应用软件为主导。腾讯、阿里、百度等企业凭借自身技术优势，通过深度挖掘移动即时消息、手机支付和地图等大数据，在各自的核心应用领域搭建了超级 APP 平台。因此，产业界对更积极、更完善的专利保护政策以及与国际接轨的申请文件撰写方式的需求日益迫切。

为了使软件改进相关发明专利申请的权利要求保护范围更好体现对现有技术的贡献，进一步加强对新领域、新业态创新成果的保护，也为了便于业界理解的一致性，2017 年 4 月 1 日施行的《专利审查指南 2010 修订版》，对第二部分第九章"关于涉及计算机程序的发明专利申请审查的若干规定"进行了多处修改。

（一） 允许更多的撰写形式

1. 方法权利要求的局限

方法权利要求是一项涉及计算机程序的发明的基础，也是最为常见的一种保护类型。尽管如此，由于仅采用方法权利要求来实施保护有着诸多缺陷，以致申请人有动机谋求其他类型权利要求的保护。

首先，方法权利要求有时不能够得到保护。例如，在 Finjan 案❶中，原告以方法、相应的系统和计算机可读存储介质三组权利要求向被告 Secure Computing Corp. 公司提起侵权诉讼。原告认为，被告通过测试和销售被控产品而直接侵犯了原告的专利。地方法院认为被告蓄意侵犯所有的权利要求。最终，美国联邦巡回上诉法院认可地方法院关于被告侵犯系统和计算机可读存储介质权利要求的判决，但是撤销了地方法院关于被告侵犯方法权利要求的判决。美国联邦巡回上诉法院在该案中特别指出：一个人必须在美国实施方法权利要求的所有步骤才构成侵犯方法权利要求的条件。而该案中要求的方法权利要求限定了"必须在测试期间执行"，而此测试过程发生在德国，并且也是对在德国制造的产品执行的测试，因此，不符合方法权利要求的所有步骤均在美国实施的条件，故被告没有侵犯方法权利要求的专利权。

---

❶ 参见：Finjan，Inc. v. Secure Computing Corp.，626 F. 3d 1197（Fed. Cir. 2010）.

其次，方法权利要求能够获得的赔偿数额较低。例如，在 Cardiac Pace-makers 案❶中，由于方法权利要求不如产品权利要求所针对的标的物明确，从而使得赔偿金额的计算方式存在一定的不确定性，可能导致赔偿金额较低。该案原始申请文件包括两类权利要求：产品权利要求和方法权利要求，但是在诉讼阶段，由于某种原因原告放弃了利用产品权利要求来进行侵权诉讼。对于方法权利要求，联邦巡回上诉法院认为"对于设备的销售并非是对方法的销售，一项方法权利要求只是被实施专利方法的一方直接侵权"。因此，原告不能对那些所销售的只能用来实现所述方法的设备要求专利使用费的赔偿，原告获得的赔偿仅限于在相关诉讼时期内实际执行了所述专利方法的那些设备。然而，在可编程设备的情况下，实际执行了所要求保护方法的设备要远少于那些包括了能够执行所述方法的软件的设备。因此，方法权利要求实际覆盖保护范围的狭窄程度决定了其能够获得的赔偿数额必然不高。

此外，在某些特殊情况下发明无法获得方法权利要求的保护。例如，在医疗领域，当方法权利要求属于疾病的诊断或治疗方法时，出于人道主义的原因被排除在专利保护之外，因而无法获得专利保护。

2. 产品权利要求的不足

相比方法权利要求，产品权利要求是看得见摸得着的，虽然产品权利要求可能在一定程度上相对于方法权利要求的局限性会少一些，但是其自身还是存在一定的缺陷。

首先，产品权利要求容易被不恰当地缩小保护范围。例如，在上述 Finjan 案中，虽然最终法院认定被告同时侵犯了系统权利要求和计算机可读存储介质权利要求，但是其中一组系统权利要求包括了某些不必出现在侵权设备中的结构（即意味着被告原本可以通过在侵权设备中去除这些结构来回避侵权），另一组系统权利要求采用 means-plus-function 的形式撰写，使得其保护范围被局限于仅覆盖在说明书中描述的、能够执行这些功能操作的结构。因此，系统权利要求（产品权利要求）会受限于结构，而方法和介质权利要求不会受此限制。

其次，在某些情况下难以直接作出侵权认定。在 Microsoft v. AT & T 一案❷中，美国最高法院认为，只有当软件以计算机可读的目标代码形式存在时才符合《美国专利法》第 271 条（f）款所说的"部件"；当微软公司通过"黄金母

---

❶ 参见：Cardiac Pacemakers, Inc., 576 F. 3d.

❷ Microsoft Corporation v. AT & T Corp, 550U. S_（2007）.

盘"或电子传输的方式将母版 Windows 软件分发给国外的计算机生产商和授权的国外复制者后，国外的计算机生产商和被授权的国外复制者再制作 Windows 软件复制件，并将这些复制件安装到计算机中进行销售，此时，微软公司的行为不构成《美国专利法》第 271 条（f）款所说的"提供"行为，不构成专利间接侵权。该案中，虽然 AT&T 公司掌握着产品权利要求，且安装有 Windows 的计算机侵犯该产品权利要求的专利权，但是因为将 Windows 软件进行复制并安装到计算机的行为均发生在国外，不构成提供行为，因此，最高法院没有认定微软公司侵犯 AT&T 公司的该产品权利要求的专利权。

3. 允许以程序流程限定的计算机可读介质为主题的撰写形式

《专利审查指南 2010（修订版）》修改内容中，通过区分"计算机程序"和"计算机程序本身"这两个不同的概念，认可以计算机程序流程限定的计算机可读介质这一主题。

具体而言，"计算机程序本身是指为了能够得到某种结果而可以由计算机等具有信息处理能力的装置执行的代码化指令序列，或者可被自动转换成代码化指令序列的符号化指令序列或者符号化语句序列。计算机程序本身包括源程序和目标程序。"基于《专利审查指南 2010（修订版）》对程序本身给出的上述定义可知，"计算机程序本身"仅仅代表计算机所执行的"指令"或"语句"的有序集合。"计算机程序本身"没有任何运行的含义，是静态的，其可以作为一种软件资料长期存在，没有建立进程的"计算机程序本身"不能得到操作系统的认可，不涉及程序的实际执行，不可能存在利用自然规律解决技术问题的过程，因而被排除在专利保护的客体之外。

《专利审查指南 2010》第二部分第九章将"涉及计算机程序的发明"解释为："为解决发明提出的问题，全部或部分以计算机程序处理流程为基础，通过计算机执行按上述流程编制的计算机程序，对计算机外部对象或者内部对象进行控制或处理的解决方案。"可见，"计算机处理流程"是计算机程序在处理器上的执行过程，它是一个动态的概念，是程序与数据、文件及硬件资源相互配合，体现为对对象控制或处理的解决方案，这样的解决方案即便其改进仅限于计算机程序，但如果具备技术三要素，则构成专利法意义上的技术方案，属于专利保护客体。上述定义表明审查指南并没有排斥涉及计算机程序的发明被授予专利权。因此，"计算机程序本身"与"计算机处理流程"在含义上存在区别。《专利法》排除计算机程序本身作为专利保护客体，但没有排除主要改进在于计算机程序的计算机处理流程。

《专利审查指南 2010（修订版）》规定：（1）如果一项权利要求仅仅涉及

一种算法或数学计算规则，或者计算机程序本身或仅仅记录在载体（例如磁带、磁盘、光盘、磁光盘、ROM、PROM、VCD、DVD 或者其他的计算机可读介质）上的计算机程序，或者游戏的规则和方法等，则该权利要求属于智力活动的规则和方法，不属于专利保护的客体。""例如，仅由所记录的程序限定的计算机可读存储介质或者一种计算机程序产品，或者仅由游戏规则限定的、不包括任何技术性特征，例如不包括任何物理实体特征限定的计算机游戏装置等，由于其实质上仅仅涉及智力活动的规则和方法，因而不属于专利保护的客体。"

通过明确"计算机程序本身"不同于"涉及计算机程序的发明"，也可以进一步明确版权法与专利法在涉及计算机程序保护方面的区别，不同于版权法，专利法保护的是根据计算机程序流程的先后顺序以自然语言描述的完整的技术方案。因而，对于涉及软件改进的发明专利申请，可以撰写为：

一种计算机可读存储介质，其上存储有计算机程序（指令），其特征在于，该程序（指令）被处理器执行时实现以下步骤……。

或

一种计算机可读存储介质，其上存储有计算机程序（指令），其特征在于，该程序（指令）被处理器执行时实现权利要求×所述方法的步骤。

与方法和产品权利要求相比，介质权利要求的使用更为灵活，具有以下优点。

首先，容易证明被告侵权。专利持有人可以直接控告其他制造商直接侵权而不必证明其是否已经实际使用。进而，专利权人可以从直接侵权的制造商或销售商获得赔偿而不必证明间接侵权（即不必证明用户必须执行所述方法）。例如，在上述 Finjan 案中，联邦巡回上诉法院认可了被告对系统权利要求和计算机可读存储介质权利要求的侵害。

其次，能够获得较为合理的赔偿数额。例如，在 z4 案[1]中，原告 z4 公司以仅包括方法和介质权利要求的 US6044471A 专利诉微软公司和 Autodesk 公司侵权，联邦巡回上诉法院最终判决了 z4 公司从微软公司获得了 1.15 亿美元的赔偿，从 Autodesk 公司获得了 1800 万美元的赔偿。因为此前已经有很多案例说明了仅依据方法权利要求在计算侵权赔偿金额时存在一定的局限性和不利因素，所以从该案的最终判决结果可以明显看出此赔偿数额主要归功于介质权利要求。自 1995 年美国专利局认可介质权利要求属于可专利主题以来，法院并未严肃争论过介质权利要求有效性的问题。此次法院判定该专利有效，有力地支持了介

---

[1] 参见：z4 Techs., Inc. v. Microsoft Corp., 507 F. 3d 1340, 1356 (Fed. Cir. 2007).

质权利要求是一种用来撰写软件相关专利的有效工具的观念。

此外，介质权利要求易于撰写与其发明相适应的保护范围。对于产品权利要求的撰写而言，专利申请人容易在撰写过程中写入不必要的组成部件，如 Finjan 案。对于方法权利要求而言，在特殊领域可能会存在不予保护的情形。而对于介质权利要求来说，由于其直接基于所发明的计算机程序，在明确该计算机程序的执行过程或方法的前提下，可以按照规定格式直接撰写出相应的介质权利要求，并且该方案的保护与申请人对现有技术的技术贡献是一致的。

4. 程序模块构架装置权利要求的解读

修订前的《专利审查指南 2010》第二部分第九章第 5.2 节第 2 段中有如下内容：“则这种装置权利要求中的各组成部分应当理解为实现该程序流程各步骤或该方法各步骤所必须建立的功能模块，由这样一组功能模块限定的装置权利要求应当理解为主要通过说明书记载的计算机程序实现该解决方案的功能模块构架，而不应当理解为主要通过硬件方式实现该解决方案的实体装置。”

该指南新规将其中涉及的“功能模块”修改为“程序模块”，以更好地反映技术本质，同时避免与一般“功能性限定”相混淆。

上述修订后，对于“全部以计算机程序流程为依据”的解决方案，申请人可以撰写为方法权利要求，“程序模块构架”类装置权利要求，还可以采用更直接的表达方式，例如，撰写为：

一种计算机设备，包括存储器、处理器及存储在存储器上并可在处理器上运行的计算机程序，其特征在于，所述处理器执行所述程序时实现以下步骤……

或一种计算机可读存储介质，其上存储有计算机程序（指令），其特征在于，该程序（指令）被处理器执行时实现以下步骤……。

（二）程序可作为装置权利要求的组成部分

新规删除了原《专利审查指南 2010》第二部分第九章第 5.2 节第 1 段中的如下内容：“即实现该方法的装置”和“并详细描述该计算机程序的各项功能是由哪些组成部分完成以及如何完成这些功能”，并在第 1 段最后增加“所述组成部分不仅可以包括硬件，还可以包括程序”。修改后的表述为：

5.2 权利要求书的撰写

涉及计算机程序的发明专利申请的权利要求可以写成一种方法权利要求，

也可以写成一种产品权利要求，即实现该方法的装置。无论写成哪种形式的权利要求，都必须得到说明书的支持，并且都必须从整体上反映该发明的技术方案，记载解决技术问题的必要技术特征，而不能只概括地描述该计算机程序所具有的功能和该功能所能够达到的效果。如果写成方法权利要求，应当按照方法流程的步骤详细描述该计算机程序所执行的各项功能以及如何完成这些功能；如果写成装置权利要求，应当具体描述该装置的各个组成部分及其各组成部分之间的关系，并详细描述该计算机程序的各项功能是由哪些组成部分完成以及如何完成这些功能所述组成部分不仅可以包括硬件，还可以包括程序。

通过上述修改，明确了程序可以作为装置权利要求的组成部分，从而可以更加直接清楚地描述改进仅仅在于计算机程序流程的产品权利要求。计算机产品的特点在于软件与硬件是两个协同工作的组成部分，因而，在产品权利要求中可以针对其程序流程的改进直接地、明确地进行描述，而避免将程序流程理解为限定硬件的方法或功能。例如，可以撰写为：

一种车辆通信接口设备，包括：

存储器，用于存储程序；

处理器，用于执行所述程序，所述程序进一步包括：

软件应用程序，其被配置为处理从车辆处接收到的数据；其中，处理所述从车辆处接收到的数据包括从所述车辆处接收到的所述数据转换至第三通信协议。

第一驱动程序，其被配置为使用第一通信协议与第一主系统接口进行通信；

第二驱动程序，其被配置为使用第二通信协议与第二主系统接口进行通信；以及

标准化接口程序，其被配置为使用第三通信协议与所述应用程序、所述第一驱动程序以及所述第二驱动程序中的每一个进行通信。

此外，对于软件和硬件方面均有改进的发明专利申请，在权利要求撰写时也可以根据需要将两者的改进体现在一项权利要求中。例如：

一种医用装置，包括：

硬件改进特征1；

硬件改进特征2；以及

控制器，所述控制器包括存储器和处理器，其中所述存储器存储有计算机程序，所述程序被处理器执行时能够实现以下步骤……。（体现软件改进的特征）

二、专利申请的特点和审查难点

(一) 专利申请特点

1. 撰写方面的特点

随着互联网与社会生产、生活领域的深度融合，新领域、新业态创新成果所形成的解决方案呈现出如下特点：

（1）技术内容与非技术内容交织。

技术创新和模式创新并存，是新业态创新成果的典型特点之一。以电子商务为例，创新点大多源自购物流程、订单处理、支付方式、物流配送等环节，虽然硬件设施和数据处理技术存在一定程度的改进，但其区别于现有方式的改进点可能更在于实施交易的模式和规则。此类专利申请在权利要求的撰写中体现为：其限定内容既包括线上装置也包括线下设备，除了线下的各种仓储、物流、卖场、银行等实体外，其主要技术手段依赖计算机、服务器、智能终端、POS、传感器等设备的数据处理能力及信息交互作用，这些内容通常被视为技术特征，与此同时，其解决方案也涵盖大量涉及交易、支付、营销、核算等商业或管理领域的规则。例如，按照购物满 100 元奖励 30 元代金券的形式向用户返回购物券，这些内容通常被视为非技术特征，从而使方案整体上呈现出"技术内容"与"非技术内容"相交织的特点。

（2）算法逐渐成为主角。

随着人工智能和大数据时代的到来，算法在其中扮演着越来越重要的角色。在算法相关的发明专利申请中，往往包含数学方法、数学公式以及相应的参数定义等内容。单纯的数学运算方法因其抽象性而属于智力活动的规则和方法，因此，算法相关发明专利申请中记载的公式、模型等特征，并非通常认为的技术特征。如果将数学方法用于解决某个领域的技术问题，这些算法特征将与方案中的技术特征一起共同构成解决该技术问题的技术手段，则该算法相关申请构成技术方案。对于构成技术方案的算法相关申请，在创造性评判过程中还需要考虑方案中记载的算法特征能否使方案具备创造性。

（3）商业痛点发现难。

对于涉及商业模式的发明创造，其解决方案的形成多是源于发现不易察觉的商业痛点，而解决了这些商业痛点，势必获得有益的效果和无限的商业价值。因此，提出或发现新商业环境下的技术问题本身就蕴含着非显而易见性。在很多情况下，一项发明的难点往往在于提出或者发现技术问题，一旦该技术问题明确了，则解决方案对于本领域技术人员而言可能非常简单或明显，但不能因此简单否定方案的创造性。

（4）以用户体验为导向。

随着人机交互日渐频繁，互联网相关领域许多创新方案都是在考虑用户需求和信息利用的基础上提出的解决方案，涉及底层技术的改进较少，以提升用户感官上的体验为目的，诸如改进用户在视觉、听觉、触觉等方面的感官体验，提出操控体验更佳的解决方案。改进用户体验的解决方案分为两种情形，一是以改进用户体验为目的，提出难以想到的技术问题，并形成技术方案；二是以改进用户体验为手段，获得以体验改进为效果的技术方案。

2. 创新性的体现层面

（1）应用层模式创新。

互联网相关领域较之于传统领域最大的区别在于技术创新与模式创新相融合，各种新的商业模式、应用场景、APP 小程序层出不穷。因而，互联网创新最直观的体现层面就是与用户直接相关的应用层模式创新。敏锐发现市场需求、准确定位及细分人群是推动应用层创新的直接动力。

（2）中间层流程优化。

基于现有的硬件设备和系统架构，不断改进和简化业务处理流程以提高用户体验，寻求优化的业务逻辑去实现特定的功能，是互联网创新的又一体现。例如，网络购物中如何在保证交易安全性的同时简化支付流程，如何实现用户快速下单、及时送达以及方便提取等问题，都是通过中间层的流程优化予以实现。

（3）底层数据结构和算法改进。

大数据相关技术主要涉及大数据的采集、存储、处理分析以及运用等，针对不同的行业应用或者具体硬件、软件环境定制开发解决方案时，需要考虑采用何种算法模型、是否需要对算法进行适应性修改或改进，针对不同的数据对象采用何种数据结构更为适应等问题，因而，互联网相关领域的创新同样体现在底层数据结构和算法方面的改进。

（二）专利审查客体判断中的难点问题

涉及专利保护客体的法律条款包括《专利法》第 25 条第 1 款第（二）项和《专利法》第 2 条第 2 款。

《专利法》第 25 条第 1 款第（二）项规定："智力活动的规则和方法，不授予专利权。"

《专利法》第2条第2款规定："发明，是指对产品、方法或者其改进所提出的新的技术方案。"

关于智力活动的规则和方法，《专利审查指南2010（修订版）》第二部分第一章第4.2节规定：

智力活动，是指人的思维运动，它源于人的思维，经过推理、分析和判断产生出抽象的结果，或者必须经过人的思维运动作为媒介，间接地作用于自然产生结果。智力活动的规则和方法是指导人们进行思维、表述、判断和记忆的规则和方法。

由于其没有采用技术手段或者利用自然规律，也未解决技术问题和产生技术效果，因而不构成技术方案。它既不符合专利法第二条第二款的规定，又属于专利法第二十五条第一款第（二）项规定的情形。因此，指导人们进行这类活动的规则和方法不能被授予专利权。

在判断涉及智力活动的规则和方法的专利申请要求保护的主题是否属于可授予专利权的客体时，应当遵循以下原则：（1）如果一项权利要求仅仅涉及智力活动的规则和方法，则不应当被授予专利权。

如果一项权利要求，除其主题名称以外，对其进行限定的全部内容均为智力活动的规则和方法，则该权利要求实质上仅仅涉及智力活动的规则和方法，也不应当被授予专利权。

【例如】

审查专利申请的方法；

组织、生产、商业实施和经济等方面的管理方法及制度；

交通行车规则、时间调度表、比赛规则；

演绎、推理和运筹的方法；

图书分类规则、字典的编排方法、情报检索的方法、专利分类法；

日历的编排规则和方法；

仪器和设备的操作说明；

各种语言的语法、汉字编码方法；

计算机的语言及计算规则；

速算法或口诀；

数学理论和换算方法；

心理测验方法；

教学、授课、训练和驯兽的方法；

各种游戏、娱乐的规则和方法；

统计、会计和记账的方法；

乐谱、食谱、棋谱；

锻炼身体的方法；

疾病普查的方法和人口统计的方法；

信息表述方法；

计算机程序本身。

那么，专利申请文件中记载有上述情形中列举的"组织""生产""商业""实施""调度""统计"等字眼时，是否该解决方案就因实质上仅涉及智力活动的规则和方法，而被排除在专利保护的客体之外？

此外，《专利审查指南 2010（修订版）》还规定：

（2）除了上述（1）所描述的情形之外，如果一项权利要求在对其进行限定的全部内容中既包含智力活动的规则和方法的内容，又包含技术特征，则该权利要求就整体而言并不是一种智力活动的规则和方法，不应当依据专利法第二十五条排除其获得专利权的可能性。

【例如】

涉及商业模式的权利要求，如果既包含商业规则和方法的内容，又包含技术特征，则不应当依据专利法第二十五条排除其获得专利权的可能性。

新规中关于涉及商业模式的解决方案的审查方式引发了业界的热议，有的读者认为此处修改意味着对于涉及商业模式创新的发明专利申请已经全面纳入专利保护范畴，那么，对于方案中记载有技术特征的涉及商业模式创新的解决方案，是否还需要审查该解决方案是否满足客体的另一法条的规定，即是否构成技术方案呢？

关于技术方案，《专利审查指南 2010》第二部分第一章第 2 节规定：

专利法所称的发明，是指对产品、方法或者其改进所提出的新的技术方案，这是对可申请专利保护的发明客体的一般性定义，不是判断新颖性、创造性的具体审查标准。

技术方案是对要解决的技术问题所采取的利用了自然规律的技术手段的集合。技术手段通常是由技术特征来体现的。

未采用技术手段解决技术问题，以获得符合自然规律的技术效果的方案，不属于专利法第二条第二款规定的客体。

对于涉及计算机程序的发明专利申请如何构成技术方案，《专利审查指南 2010》第二部分第九章规定：

如果涉及计算机程序的发明专利申请的解决方案执行计算机程序的目的不

是解决技术问题，或者在计算机上运行计算机程序从而对外部或内部对象进行控制或处理所反映的不是利用自然规律的技术手段，或者获得的不是受自然规律约束的技术效果，则这种解决方案不属于专利法第二条第二款所说的技术方案，不属于专利保护的客体。

对于读者而言，上述规定从字面很容易理解出，对于是否构成技术方案的判断涉及三个要素，即技术问题、技术手段、技术效果，由于规定中连接三个要素的表述是"或者"，这意味着当这三个要素中有任一要素不满足规定时，该解决方案就不构成技术方案。但是，对于何谓"技术"，《专利审查指南2010》中并未有明文规定，且就单一要素进行判断时，有时难以得到客观结论。例如，脱离开具体的手段谈"节油"的问题，有时难以判断这样的解决方案是否构成技术方案。倘若为了节油，所采用的手段是将车停在车库，以步行方式代替开车，以此实现节油的目的，那么，这样的解决方案显然不是我们说的专利法意义上的技术方案，不属于专利保护客体。但是，倘若发明人通过改进发动机的构造以提高燃油率从而达到节油的目的，那么，由此构成的解决方案构成技术方案。通过上述示例不难看出，脱离开方案整体，从某一要素是否为"技术性"进行客体判断，有时会导致错误的理解和结论。

同时，构成技术方案的必要因素是方案采用了利用自然规律的技术手段。"自然规律"是指不经人为干预，客观事物自身运动、发展、变化的内在必然联系，是自然现象固有的、本质的联系，表现为某种条件下的不变性。例如，数学、物理学中用于描述事物之间关系的规律都属于自然规律。通常，自然规律可以利用公式、定律、定理等方式来描述。自然规律是一种客观规律，给定条件必然得到既定结果，不以人的意志为转移。那么，自然规律的利用是否排除一切人的因素呢？

随着技术的发展，我国网民已突破7.3亿，其中95%利用手机上网，因此，人机交互愈加广泛频繁，以改进用户体验为目的和效果的创新成果越来越多，相较于传统领域通过技术创新来解放四肢，目前，新领域、新业态的创新成果大多着眼于通过技术创新来改善人的感官体验、替代思维。因此，面对现阶段的创新成果，如何正确判断方案中是否包含"利用自然规律的技术手段"是至关重要的。

《专利审查指南2010》第二部分第九章还有如下规定：

如果涉及计算机程序的发明专利申请的解决方案执行计算机程序的目的是为了处理一种外部技术数据，通过计算机执行一种技术数据处理程序，按照自然规律完成对该技术数据实施的一系列技术处理，从而获得符合自然规律的技术数据处理效果，则这种解决方案属于专利法第二条第二款所说的技术方案，属于专利保护的客体。

如果涉及计算机程序的发明专利申请的解决方案执行计算机程序的目的是为了改善计算机系统内部性能，通过计算机执行一种系统内部性能改进程序，按照自然规律完成对该计算机系统各组成部分实施的一系列设置或调整，从而获得符合自然规律的计算机系统内部性能改进效果，则这种解决方案属于专利法第二条第二款所说的技术方案，属于专利保护的客体。

那么，"大数据"是否可以被认为是"外部技术数据"，从而使得有关大数据处理的相关发明专利申请均构成专利保护客体？同时，随着人工智能爆发式的发展，机器学习相关的创新成果日渐增多，由于机器学习专用于研究如何让计算机具备学习能力以提高训练性能，那么此类发明专利申请是否属于对计算机内部性能进行改进的解决方案，能否构成专利保护的客体？

这一系列的问题，相信读者都能在本书中找到答案。

(三) 专利审查创造性评判中的难点问题

创造性评判历来是专利审查程序中的重点和难点，与现有技术相比，如果发明具有突出的实质性特点和显著的进步，则其具备《专利法》第22条第3款规定的创造性。根据《专利审查指南2010》的规定，采用"三步法"来评判权利要求请求保护的技术方案是否具备创造性。当发明的技术方案与现有技术存在区别技术特征时，要基于区别技术特征确定实际解决的技术问题，判断要求保护的发明对本领域技术人员来说是否显而易见，上述审查过程中，判断"现有技术是否存在技术启示"是审查难点和关键所在。而互联网相关专利申请的创造性评判，除了公知常识的认定、结合启示的判断等各领域普遍存在的难点外，还存在以下其他难题。

(1) 技术内容与非技术内容并存的方案，是否需要将技术特征与非技术特征相剥离？非技术特征在创造性评判中是否一定无需考虑？若采用整体判断原则，对现有技术作出了技术贡献的特征如何认定？

(2) 涉及算法的发明，是否需要考虑应用领域对技术方案的限定作用？仅公式或参数设定不同的技术方案如何评判其创造性？

(3) 商业或者管理问题是否一定没有技术性？在涉及商业方法的特定领域，是否需要考虑"商业上的成功"这一辅助判断因素？

(4) 数据库相关主题的发明，当区别特征涉及数据的类型、性质、格式的情形时，创造性评判应当如何考量？

此外，随着互联网与产业的深度融合，在医疗、交通等领域还产生了一些特殊的问题。

《专利法》第 25 条第 1 款第 (三) 项规定，疾病的诊断和治疗方法不授予专利权，并且《专利审查指南 2010》第二部分第一章进一步明确："以有生命的人体或者动物体为直接实施对象，进行识别、确定或消除病因或病灶的过程"属于疾病的诊断和治疗方法，不能被授予专利权。但是，用于实施疾病诊断和治疗方法的仪器或装置属于可授予专利权的客体。随着计算机技术的发展，基于计算机装置和计算机程序实现的解决方案被广泛应用于医疗领域，医疗数据获取、医疗图像分析、决策支持、远程诊断、专家知识库等越来越普及，与疾病诊断治疗相关的法律适用问题也随之而来。

那么，如何界定"直接作用于人体"的疾病诊断方法？如何区分应用于医疗领域的图像处理方法与疾病诊断方法？按照与计算机程序流程各步骤一一对应的方式撰写的产品权利要求如何解读，应当按照主题类型划分，还是将其理解为本质为计算机程序？创造性评判中涉及疾病治疗相关特征如何考量，技术效果如何认定？

本书拟针对互联网、大数据、电子商务、区块链、人工智能等领域发明专利申请的特点，结合典型案例，解析涉及客体判断和创造性评判等方面的现有审查规范，以供社会各界参考借鉴。

第二节　如何成为专利保护客体

一、《专利法》第 25 条的立法本意

世界上大多数国家对科学发现和智力活动的规则和方法都不给予专利保护，其原因并不在于科学发现和智力活动规则的提出对社会的贡献不值得鼓励。事实上，一项科学发现对人类产生的影响通常远远大于一项发明创造产生的影响。专利法之所以将其排除在专利保护客体之外，原因在于它们所涉及的是一个认识过程，而任何发明创造都始于人类的认识过程。或者说，它们是人们进行技术创新的源头，是必经的途径。因此，如果用授予专利权的方式对此予以保护，其保护范围之大将背离专利法推进科学进步的根本宗旨。

这就好比一个布满歧途的迷宫中只有一条通往出口的路径，若有人找到了

这个路径并告诉了大家，他应当得到鼓励。但是，如果鼓励的方式是凡经过该路径的人都必须向他支付相当数额的费用，则会使不能付费的人永远走不出迷宫。

我国《专利法》第25条第1款第（二）项要解决的问题包含区分抽象的方案与具体应用形成的解决方案，这里的解决方案通常要针对特定的问题、结合特定的应用、采用特定的逻辑、具有特定的功能。

当一项权利要求记载了数学公式（或科学原理或自然的物理现象）时，需要研究该权利要求是否寻求对该抽象公式进行专利保护。一项包含有数学公式的权利要求将该公式实施或应用于一种结构或一种工艺方法中时，如果该结构或工艺方法作为整体考虑完成了专利法所希望保护的功能（如将某物体转换到不同的状态或导致一种不同的产品），则该权利要求保护的不再是抽象的数学公式。显然，专利法保护的解决方案不是一个数学公式简单"使用"的过程，而是"适用"的过程，要结合所应用和实施的结构或工艺，才能整体上排除"抽象"的影响。

二、《专利法》第2条第2款的立法本意

（一）现有规定

《专利审查指南2010》第二部分第一章第2节规定："技术方案是对要解决的技术问题所采取的利用了自然规律的技术手段的集合。技术手段通常是由技术特征来体现的。未采用技术手段解决技术问题，以获得符合自然规律的技术效果的方案，不属于专利法第二条第二款规定的客体。"即规定了发明专利申请若想成为受专利法保护的"技术方案"，必须同时具备上述"技术问题、技术手段、技术效果"三个要素，简称为技术三要素。

此外，对于涉及计算机程序的发明专利申请，只有构成技术方案才是专利保护的客体，为此，《专利审查指南2010》第二部分第九章第2节第（2）项规定：

如果涉及计算机程序的发明专利申请的解决方案执行计算机程序的目的是解决技术问题，在计算机上运行计算机程序从而对外部或内部对象进行控制或处理所反映的是遵循自然规律的技术手段，并且由此获得符合自然规律的技术效果，则这种解决方案属于专利法第2条第2款所说的技术方案，属于专利保护的客体。

不同于《专利法》第25条的否定排除式限定，《专利法》第2条第2款从

正面规定了专利法可予以保护的客体，即：专利法意义上的"技术方案"。这里需要注意两个方面，一是问题，即方案一定是相对于解决的问题而言；二是自然规律，即问题与所采用的手段的集合之间是否受自然规律的约束。

例如，对于包含"数学规则"的算法相关解决方案，这些数学公式、数学原理、数学方法等是用于反映或发掘事物之间规律性关联关系的规则性描述，似乎天然具有"客观性"。然而，方案中使用了符合客观规律的数学工具并不必然意味着解决的是技术问题并为该方案带来受自然规律约束的技术效果。如同一个使用数理统计工具算命的方法并不会因为使用了科学工具而成为受自然规律约束的技术方案。判断的关键仍然在于方案所采用的手段的集合与其解决的问题之间是否具有符合自然规律的约束关系。

（二）如何理解技术三要素之间的关系

在否定技术方案时，《专利审查指南》第二部分第九章第 2 节第（2）项规定：

如果涉及计算机程序的发明专利申请的解决方案执行计算机程序的目的不是解决技术问题，或者在计算机上运行计算机程序从而对外部或内部对象进行控制或处理所反映的不是利用自然规律的技术手段，或者获得的不是受自然规律约束的效果，则这种解决方案不属于专利法第二条第二款所说的技术方案，不属于专利保护的客体。（后续简称表述 1）

此外，《专利审查指南 2010》第二部分第九章第 3 节第（3）项规定：

未解决技术问题，或者未利用技术手段，或者未获得技术效果的涉及计算机程序的发明专利申请，不属于专利法第二条第二款规定的技术方案，因而不属于专利保护的客体。（后续简称表述 2）

与第九章的规定不同，作为一般性章节，《专利审查指南 2010》第二部分第一章第 2 节关于不构成技术方案的相关表述为："未采用技术手段解决技术问题，以获得符合自然规律的技术效果的方案，不属于专利法第二条第二款规定的客体。"

显然，《专利审查指南 2010》第二部分第一章的上述规定从整体上体现了三要素之间紧密结合的关联性。而在第二部分第九章，表述 1 和表述 2 对于技术问题、技术手段、技术效果三个要素的表述是"或者"，这意味着当这三个要素中有任一要素不满足规定时，该解决方案就不构成技术方案。

那么，到底如何正确理解构成技术方案的三个技术要素之间的关系呢？

一般情况下，技术问题和技术效果是相互对应的，技术手段通常是由技术特征来体现的。如果由技术特征体现的技术手段能够解决技术问题，必然会带来相应的技术效果（此处的技术效果应该是符合自然规律的技术效果）；能够解决技术问题并获得技术效果的手段，也必然构成技术手段。

在审查实践中，如果不能明显判断技术三要素中的任何单一要素不存在技术性，则一般情况下应避免割裂三要素关系、孤立地从某一个要素进行判断，不能简单地从方案中是否包含"技术特征"或"技术术语"就断言其是否构成技术手段从而断言其是否构成技术方案。也不宜简单地将"所解决的问题"从"三要素"中割裂出来单独判断其是否构成"技术问题"，进而判断是否构成技术方案。

三、《专利法》第 25 条与《专利法》第 2 条第 2 款的适用

《专利法》第 25 条第 1 款和《专利法》第 2 条第 2 款的适用环境和适用标准有所不同：前者的立法本意是防止科学发现、数学定理、物理定律等人类智力活动成果的无边界垄断，要解决的问题是区分抽象规则与具体应用构成的解决方案；后者从正面规定了专利法可予以保护的客体，其要解决的问题是区分方案所采用的手段的集合与解决的问题之间是否遵循自然规律。

例如，对于算法相关发明专利申请而言，如果一项解决方案限定的全部特征仅仅是抽象的处理规则或者单纯的数学算法，没有结合任何具体应用，则属于智力活动的规则与方法，适用《专利法》第 25 条第 1 款第（二）项。如果一项解决方案是将算法具体应用于某一领域从而解决该领域的具体问题，那么该方案属于结合了具体应用的情形，因此不再属于智力活动的规则和方法，需要进一步判断该解决方案是否构成技术方案。

同时，对于算法相关发明专利申请而言，如果一项权利要求记载的解决方案仅在主题名称中记载了该算法所应用的领域，除主题名称外，方案的特征部分未体现出算法在该领域的具体适用和关联，那么，该解决方案整体上仍然属于智力活动的规则和方法，适用《专利法》第 25 条第 1 款第（二）项。

根据《专利审查指南 2010》第二部分第一章对于技术方案的定义，即"技术方案是对要解决的技术问题所采取的利用了自然规律的技术手段的集合"，一项解决方案是否构成技术方案的判断对象是技术手段的集合，判断焦点在于：手段的集合在解决技术问题时是否利用了自然规律，即问题与手段集合之间的关联或者手段集合本身是否受自然规律约束。据此，如果为解决某问题而采用利用了自然规律或者受自然规律约束的手段集合，则该解决方案构成技术方案；如果方案所采用的手段集合与要解决的问题之间体现的是按照人为制定的规则

关系，不受自然规律约束，则该解决方案不构成技术方案。换言之，对于技术方案来说，该方案所达到的解决问题的效果应该是可以根据自然规律而确定的。

此外，对于算法相关发明专利申请而言，若其解决方案由多个参数素（指数、因素等）组成，则在判断该方案是否构成技术方案时，要对多个参数进行整体考量。如果有一个参数或该参数与其他参数的组合与方案整体实施的结果之间不符合自然规律，则不能认为整个方案（即手段集合）与解决的问题之间存在着符合自然规律的可确定的因果关系，因此，整个方案是不能构成《专利法》第2条第2款规定的技术方案的。

例如，一个方案基于A、B、C三个参数构建的模型实现，其中参数B是运气指数，由于所述运气指数没有体现自然规律的约束，且因运气的不确定性而导致整个方案的结果不确定，因此，整个方案与解决的问题之间不存在自然规律的约束，上述解决方案不构成技术方案，不属于专利保护的客体。

四、正确理解"利用自然规律"

如上所述，"自然规律"是指不经人为干预，客观事物自身运动、发展、变化的内在必然联系，是自然现象固有的、本质的联系，表现为某种条件下的不变性。例如，数学、物理学中用于描述事物之间关系的规律都属于自然规律，通常，自然规律可以利用公式、定律、定理等方式来描述。自然规律是一种客观规律，给定条件必然得到既定结果，不以人的意志为转移。单纯的自然规律本身，由于其没有作用于客观的物质世界，属于抽象思维的范畴，属于《专利法》第25条第1款规定的不能被授予专利权的范畴。

专利法保护的技术方案，是人类对于自然规律的具体应用，一般情况下，是针对客观事物的"自然属性"，依据自然规律对客观世界进行的改造。

但是，事物通常同时具有自然属性和非自然属性，非自然属性往往受到人为因素干扰较多，具有主观性和不确定性。

例如，对于纸币而言，既具有作为纸张的自然属性（重量、形状、材料、颜色、印刷标记等），又具有其作为一般等价物的经济学属性。一种利用特殊油墨印刷纸币的防伪方法是对纸币的自然属性进行的改造，其可能涉及油墨的材料组成等化学属性、也可能涉及反射率、色谱分布等物理属性，因而属于利用了自然规律的技术方案；而一种按比例兑换纸币的货币交易方法，则是针对纸币作为一般等价物的经济学属性提出的交易规则，这种兑换规则不受自然规律约束，因而不属于利用了自然规律的技术手段。

由于自然规律是不以人的意志为转移的，所以在审查实践中，应将人为因素排除在利用自然规律之外。

但是，人作为自然和社会的客观组成部分，也是一种自然客观存在。虽然人有主观属性，但作为自然客观存在的人也有自然属性。例如，人的视觉、听觉、触觉、嗅觉等感官对于外界声光冷热等刺激的反映，属于人的生理特性。例如，人眼可见光的波长范围与蜜蜂的不同，是由于人眼的结构和蜜蜂不同导致的，人眼对于放大的字体和缩小的字体而言，放大的字体会看得更清楚，这些都是人的自然属性导致的。人的自然属性中具有普遍性、客观性、规律性的属性，应该属于自然规律的范畴。

随着我国网民数量的激增，人机交互愈加广泛和频繁，通过对大量典型案例的分析可以看出，越来越多的技术创新成果体现在改善人的感官体验，替代人的思维方面。因此，对于以改进用户体验为目的的解决方案中，在判断该方案是否利用了符合"自然规律"的技术手段时，应结合具体案情从方案整体上客观加以分析，不应将对人的自然属性的利用完全排除在利用自然规律之外。

五、对于提升计算机内部性能的认识

随着计算机的问世，运算的工作早已不需要人来完成。因此，随着算法复杂度的不断增加，算法相关解决方案的实现基本上都是由自动化的手段实现。

在利用计算机实现算法的解决方案中，出现了两类情形。一种情形是由计算机作为执行的载体，通过将算法解决方案编程为计算机可执行代码，由机器完成计算过程。还有一种情形是专为提升或改进计算机处理性能而改进算法，使计算机在调度和资源配置过程中，其内部性能得到改进。

随着人工智能的普及和推广，计算机的智能化程度与日俱增。人工智能技术的三个前提条件是海量数据、专家经验和模型算法。为在海量数据中利用专家经验而得出最优结果必须利用模型算法实现不断反复的机器学习，因此机器学习作为人工智能的核心，已经是一门多领域交叉学科，专门研究计算机怎样模拟或实现人类的学习行为，以获取新的知识或技能，重新组织已有的知识结构使之不断改善自身的性能。

那么，这种由机器自动化实现的算法解决方案，其自动化的实现方式是否可以使该解决方案构成技术方案？对计算机实现的算法进行优化的解决方案，因其可以减少训练样本的数量从而节省存储空间和运算资源，是否属于对计算机内部对象进行控制的解决方案，是否属于改善计算机内部性能的技术方案？

在判断一项解决方案是否改变了"计算机系统内部性能"时，应着重于判断计算机作为一个可以适用不同应用目的、运行不同应用软件的机器而固有的性能是否因该计算机程序而发生了变化。

体现计算机系统内部性能的主要指标可包括：运算速度、字长（计算机在同一时间内处理的二进制位数）、内存容量（主存）、外存容量（硬盘）、外部设备的配置及扩展能力、软件配置等。当一项涉及算法的解决方案，其算法特征与计算机系统的内部结构有某种特定的技术关联，基于这种特定的关联，通过对算法进行优化，使计算机系统的上述性能指标得到改进和提升，那么该解决方案构成技术方案，属于专利保护的客体。

如果一项解决方案仅涉及对数学算法进行优化，改进的是数学算法本身，与计算机系统内部结构并无特定关联，而仅将通用计算机作为算法的执行工具，那么该解决方案不属于对计算机系统内部性能带来改进的方案。综上，对于在通用计算机上运行算法的相关发明专利申请，如涉及机器学习的算法相关发明专利申请，在判断其解决方案能否使计算机系统的内部性能得到改进时，审查的重点在于判断方案中的算法特征与计算机系统内部结构之间是否存在特定的技术关联，只有在这种特定技术关联上做出的改进，才被认为是给计算机系统内部性能带来的改进。

第三节　如何能够具备创造性

一、理解发明

准确理解发明是正确做出审查结论的前提。在进入创造性评判之前，审查员已经对该申请涉及的解决方案是否为技术方案进行了判断。根据我们之前介绍的客体判断思路，当一项解决方案为了解决技术问题而采用了利用自然规律的技术手段时，那么该解决方案构成技术方案。在这一过程中，要将权利要求包含的特征视为一个有机的整体，而不是孤立地、离散地拆分特征。通过考察方案整体上解决的技术问题、达到的技术效果，分析构成技术手段的各个特征的作用以及它们之间的相互关联。

对于技术内容和非技术内容交织的解决方案，有些非技术内容对于整个方案的技术性不会产生影响，进而也不会因这些非技术内容而使方案具备创造性。但是，有些非技术内容与技术内容紧密关联，对于方案的技术性有影响，与技术内容交织在一起共同解决技术问题，并有可能使方案具备创造性。

创造性判断针对的是权利要求的技术方案。在评判过程中，当一项权利要求整体构成技术方案，同时又包含非技术特征时，如果该技术方案已经被现有技术公开，或者该技术方案与现有技术相比是显而易见的，则该权利要求不具备创造性。不应因权利要求中存在的非技术特征而改变对其创造性的审查结论。

综上，在开始创造性评判前，要了解申请对于现有技术的技术贡献体现在哪些特征上，厘清申请要解决的技术问题，客观解读为解决该技术问题而采用的关键技术手段，把握发明的实质。对于方案中涉及的行政、营销、商业、金融、政府或公共服务等非技术内容，如果不能使方案相对于现有技术整体上解决技术问题，未能使方案整体上相对于现有技术做出技术上的贡献，那么这些特征即便构成区别特征，也无法使该方案具备创造性。

■ 案例1：整体理解权利要求中的各特证

（一）案情介绍

【发明名称】

社区服务器

【背景技术】

SNS（社交联网服务）的功能包括将用户彼此关联（如在给定用户的网站站点屏幕上，显示与该用户关联的其他用户的用户 ID 等），用于将用户彼此关联的可能方法包括使每个用户独自执行关联操作的方法。然而，当用户自己执行与对方用户关联的操作时，用户趋向于关心其是否可以给对方用户良好印象。基于此，用户不会决定与其他用户主动关联或者解除关联，而目前提供社区服务的社区服务器方自动执行用户的关联和解除关联，如在社区服务器方将一定时段上未通信消息等的用户解除关联的技术。

【问题及效果】

在 SNS 中用户彼此首次通信消息等之后，并不关联用户，因此用户不能查阅对方的用户 ID。尽管有必要在稍后时间通过用户之间通信消息等来使用户彼此关联，以使用户可以查阅对方的用户 ID，但还未有此类技术。

本申请可以实现如果用户先前传送消息等但未彼此关联，则在晚些时候可以轻易地关联用户。

【实施方式】

如图 1-3-1 所示，尽管用户#1 和#2 的通信设备 10-1 和 10-2 彼此先前通信过某种消息（步骤 A1），但是在该通信后用户#1 和#2 没有彼此关联（步骤 A2）。

自从在用户#1 和#2 的通信设备 10-1 和 10-2 之间通信消息结束起经过预定时段（第一时段）后，社区服务器 20 的控制器 24 鼓励用户#1 和#2 的通信设备 10-1 和 10-2 向对方发送问候消息（步骤 A3 至 A5）。

　　随后，假设由于作为社区服务器 20 的监视器 22 针对用户#1 和#2 的通信设备 10-1 和 10-2 的通信状态的社区服务器 20 的监视器的监视结果，从用户#2 的通信设备 10-2 向通信设备 10-2 向用户#1 的通信设备 10-1 发送了问候消息，并且作为响应答复，从用户#1 的通信设备 10-1 向用户#2 的通信设备 10-2 发送了响应消息（步骤 A6）。

　　在这种情况下，社区服务器 20 的控制器将用户#1 和#2 彼此关联（步骤 A7）。

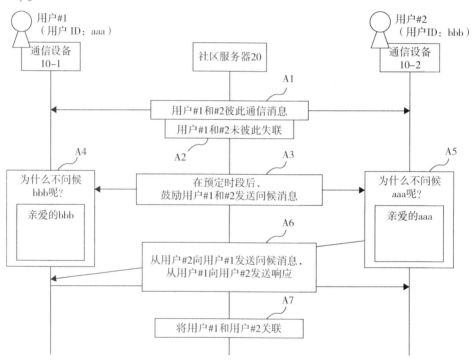

图 1-3-1　社交联网服务流程

【权利要求】

1. 一种社区服务器，包括：

监视器，监视用户的通信状态；以及

控制器，在用户先前彼此通信但是在先前通信后未彼此关联的情况下，从用户之间的先前通信结束起经过第一时段后，鼓励每个用户与对方用户进行通信，并且如果所述用户随后彼此通信，则将所述用户彼此关联。

【对比文件】

对比文件 1 公开了一种电子社交网络关系自动化管理系统，具体公开了：监视用户的通信状态，如果用户先前彼此通信过，经过一段时间没有通信，那么系统就会鼓励该用户彼此通信。

对比文件 2 公开了一种聊天匹配方法，并具体公开了：当第一用户选择了一个按键，就会有一条消息发送给第二用户，所述第二用户可以在这个消息里接受邀请，然后所述第一用户和第二用户就成为了好友。

（二）案例分析

权利要求中"在用户先前彼此通信但是在先前通信后未彼此关联的情况下，从用户之间的先前通信结束起经过第一时段后，鼓励每个用户与对方用户进行通信，并且如果所述用户随后彼此通信，则将所述用户彼此关联"，其为了解决不能很好地进行用户（好友）关联的技术问题时，通过对于先前通信过但之后没有通信的用户，鼓励这种用户之间进行通信，如果实现通信则将用户设为关联（好友），来实现更好的用户关联效果。虽然该特征限定了进行用户关联的条件，不同的方案、不同的人可以有不同的用户关联条件，如对比文件 2 中如果第一用户发送消息且第二用户接受邀请则实现用户关联，但该用户关联条件正是实现用户关联的整个流程中的一部分，不宜将其拆分出来，简单看作人为规则的设定。而应当将请求保护的方案中的所有特征在创造性评判中都予以考量。

（三）案例启示

对于权利要求中出现的某些特征，若将其强行剥离方案来看，对于不同的条件可以对应有不同的后续处理或者获得不同的处理结果，不同的方案可以设置各种不同的条件和结果，但若从技术方案整体出发，考量上述特征，会发现不同的条件和结果的限定相当于技术方案中不同的处理流程，因此这些特征是整个方案的一部分，并且如果通过这些限定，使得技术方案可以利用自然规律来解决特定的技术问题并获得相应的技术效果，则不能简单将其看作是人为规定而在创造性评判中不予考量，而应当将其与技术方案中的其他相关联特征一起作为创造性考量的依据。

二、检索思路

（一）检索的难点

如本章第一节所述，互联网、大数据、电子商务、区块链、人工智能等领域的发明专利申请存在技术内容与非技术内容交织的特点，这主要源于互联网、大数据、区块链等技术在各领域的广泛应用。因此，在检索最接近的现有技术时，是侧重方案中的技术架构，还是全面考虑权利要求记载的每一特征？

随着人工智能热度的不断攀升，涉及算法的相关申请也越来越多，此类申请请求保护的方案中通常会记载大量的公式、模型、函数、数学式等。那么，在检索过程中，是否需要对其中的数学式、数学模型进行检索，如何才能检索到最接近的现有技术，这些都成为新领域、新业态相关发明专利申请在检索上的难点。

（二）检索的重点

首先，检索前要认真阅读申请文件，把握发明的实质，深入理解说明书的内容以及权利要求所请求保护的解决方案，并在上述工作的基础上对权利要求记载的全部特征进行全面检索。

当未发现能够影响申请新颖性的文献时，应针对方案所要解决的技术问题，围绕解决该问题所采用的技术手段进行检索，此时应注意，对于构成方案的技术特征和非技术内容均应检索。

根据检索到的对比文件的技术领域、技术问题与本申请相应内容的接近程度，以及其公开技术内容的情况，确定最接近的现有技术。当应用领域对所请求保护主题的运行方式及构成带来影响时，需要兼顾考虑应用领域。

下面以一个案件为例，对最接近的现有技术的选择进行阐释。

■ 案例2：把握技术视角

（一）案情介绍

【发明名称】
一种自动关闭图像显示的显示装置

【背景技术】

随着信息技术的发展，智能电视端的技术也不断地更新，通常集成了摄像功能，可对人体面貌进行识别。

现在有的智能电视机具有单独听的功能，当用户离开电视机时间较长，不需要欣赏电视画面，但需要听电视机播放的声音时，用户需要按下遥控键来进入单独听状态，此时，电视机的图像关闭，但声音正常播放，但这种情况下需要用户手动控制，如果用户离开电视机时没有进行相应的操作，即便用户已经离开电视机很长一段时间，电视机还是开着，会消耗很多的能量，而且也减少电视机的使用寿命。

【问题及效果】

本申请旨在解决当显示装置前没有用户存在时自动关闭图像显示的问题。该申请提供的解决方案使得显示装置可以自动判断是否有用户存在，并在没有用户存在时自动关闭图像显示，可以获得在避免能源浪费的同时简化用户操作的效果。

【实施方式】

图 1-3-2 是本申请实施例的流程图。如图 1-3-2 所示，在电视机处于开机状态时，首先通过摄像头拍摄背景图像，然后进行人脸识别，人脸识别的方法有多种，如参考模板法、人脸规则法、样品学习法、肤色模型法、特征子脸法等，这些方法都是现有技术。如果在拍摄的背景图像中存在人脸，则认为有用户在观看电视，电视机正常播放；如果在检测的背景图像中没有发现人脸，则认为当前没有用户在观看电视，系统开始计时，如果在设定的时间值 A 内，如3 分钟，都没有检测到人脸，则关闭电视机的图像或者关闭图像电源，这样可以节约电视机消耗的能量，保护电视机的显示屏并延长使用寿命，此时可以保持声音输出，使用户在离开电视机的时候仍然可以听到伴音；如果在设定值 B 内，如 30 分钟，都没有检测到人脸，则关闭电视机，进入待机状态。时间设定值 A、B 可以由用户来设定，一般 B 值都比 A 值要大。如果在设定值 A 或 B 内检测到人脸出现，则计时器清零，电视机恢复到正常播放状态。

如果在设定值 A 内没有检测到用户，关闭电视机的图像的方式可以是黑屏或者关闭图像输出。黑屏是输出黑色到屏幕上，关闭图像输出是关闭有关图像输出的通道电源，比较好的方式是黑屏，因为这是一个中间状态，一旦检测到用户出现，电视机可以很快地显示图像。对于 CRT 电视机黑屏可以避免启动显像管的长时间等待；对于液晶电视机，比较好的方式是关闭背光，或关闭背光和液晶屏图像输出。

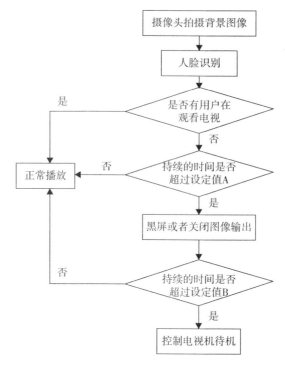

图 1-3-2　自动关闭图像显示的显示装置实施流程

【权利要求】

1. 一种自动关闭图像显示的显示装置，其特征在于，所述的显示装置包括 MCU、摄像单元和观众识别单元，其中：

所述的摄像单元用来获取所述显示装置前的背景图像，并用来将所获取的背景图像传输到所述的观众识别单元；

所述的观众识别单元用来识别所述背景图像中是否存在观众图像，并将识别结果传输到所述 MCU；

所述 MCU 用来根据所述观众识别单元的识别结果判断所述的显示装置前是否有用户，并在所述显示装置前没有用户时控制所述显示装置关闭图像显示。

（二）案例分析

权利要求 1 请求保护一种自动关闭图像显示的显示装置，对比文件 1 公开了一种可以自动关闭电视图像显示的装置 100，其包括能量节省控制单元 136、摄像单元 110、人脸检测单元 114，摄像单元 110 拍摄显示装置前的背景图像并传输到人脸检测单元 114，人脸检测单元 114 检测图像中是否存在用户，并将检测结果传输到能量节省控制单元 136，能量节省控制单元 136 根据人脸检测单元 114 的结果判断电视 102 前是否有观看者，在没有检测到人脸一段时间之后控制电视逐渐降低亮度，在未检测到人脸另外一段时间之后，关闭电源时关闭电视 102。

该权利要求 1 请求保护的方案与对比文件 1 公开的上述方案相比，区别特征在于：所述的显示装置包括 MCU，由 MCU 根据识别结果控制显示装置关闭图像显示。基于上述区别特征，权利要求 1 实际解决的技术问题是使用何种设备对智能电视的显示进行控制。

针对上述区别特征，对比文件 2 公开了一种具有手势识别功能的智能电视，该智能电视包括摄像头、PIR 传感器和主控 MCU，所述摄像头电连接有摄像头视频处理电路，所述 PIR 传感器电连接有 PIR 处理电路；所述主控 MCU 接收并分析所述摄像头视频处理电路和所述 PIR 处理电路的处理信号识别操作者手势动作，所述主控 MCU 根据操作者手势动作分析判定的结果来操作控制所述智能电视的显示。并且上述特征在对比文件 2 中所起的作用与其在本申请中所起的作用相同，均是采用 MCU 执行相应的程序从而对智能电视的显示进行控制，因此本领域技术人员在面对使用何种设备对智能电视的显示进行控制这一问题时，有动机将对比文件 2 公开的上述手段应用于对比文件 1，即使用 MCU 作为执行相应程序的硬件，以根据识别结果控制显示装置关闭图像显示。因此，在对比文件 1 的基础上结合对比文件 2 得到该权利要求 1 的技术方案对于本领域技术人员来说是显而易见的，该权利要求的技术方案不具备突出的实质性特点和显著的进步，因而不具备《专利法》第 22 条第 3 款规定的创造性。

（三）案例启示

最接近的现有技术是本领域技术人员进行技术改进的基础，从科学研究的角度考虑，作为改进基础的技术通常与改进得到的技术应该属于相同或相近的技术领域，因此通常优先考虑相同或相近的技术领域。除了技术领域相同或者相近外，所要解决的技术问题、技术效果最接近也是需要考虑的因素。所要解决的技术问题与技术效果之间有密切的联系，如果技术问题解决了，自然就获得了相应的技术效果。当本领域技术人员还处在背景技术所描述的技术水平时，其只知道要解决的技术问题或技术任务，尚不知道有什么样的技术手段可以解决该技术问题。此时，本领域技术人员必然特别关注那些旨在解决同样技术问题的已有技术方案。因此，解决的技术问题相同或者接近，是确定最接近的现有技术时需要考虑的重要因素之一。随着所要解决的技术问题的解决，其也同时获得了相应的技术效果。

对于该案而言，通过检索得到的对比文件 1 和对比文件 2 均是智能电视领域，即均与本申请属于同样的技术领域。那么，哪篇文献更适宜作为本申请最接近的现有技术，可以从如下思路考虑。该案要解决的技术问题是在没有用户存在时自动关闭图像显示，在避免能源浪费的同时简化用户的操作。对比文件 1 同样是为了解决这一技术问题，而且采用的技术手段也基本相同，仅仅是没有公开执行相关程序的硬件结构为 MCU。而对于对比文件 2，其虽然公开了具有 MCU 结构的智能电视，但该对比文件所要解决的技术问题与该案并不相同，没有公开要使该智能电视具有在没有用户存在时自动关闭图像显示的功能，以在避免能源浪费的同时简化用户的操作，本领域技术人员在看到对比文件 2 时，不会认识到需要对智能电视进行改进使得该智能电视具有在没有用户存在时自动关闭图像显示的功能，以在避免能源浪费的同时简化用户的操作。即当将对比文件 2 选为最接近的现有技术时，本领域技术人员不会有动机对其中的智能电视进行改进以使得该智能电视具有在没有用户存在时自动关闭图像显示的功能，以解决在避免能源浪费的同时简化用户的操作的技术问题。因此，从所解决的技术问题和技术效果角度考虑，应当选择对比文件 1 作为本申请最接近的现有技术。

三、创造性审查方式

(一) 一般原则

对于包含非技术内容的权利要求的创造性判断，《专利审查指南 2010》没有特殊规定。因此，对于互联网、大数据、电子商务等领域的发明专利申请，其创造性审查遵循创造性判断的一般标准，即通过"三步法"来判断该技术方案是否显而易见。

鉴于方案中所包含的非技术内容有可能整体上给方案带来技术上的影响，这使得对此类申请的创造性判断方法在具体运用"三步法"时有一些特殊性。

具体判断流程如下：

第一步，确定最接近的现有技术。

第二步，确定发明的区别特征和发明实际解决的技术问题：

(1) 将权利要求记载的技术方案和最接近的现有技术进行全面对比，确定区别特征；

（2）基于上述区别特征，确定权利要求记载的技术方案实际要解决的问题；

（3）判断实际解决的问题是否属于技术问题。

第三步，判断要求保护的发明对于本领域的技术人员来说是否显而易见。

在第二步的判断中，如果区别特征仅包含区别技术特征，那么按照创造性审查的一般标准，继续判断要求保护的发明对于本领域技术人员来说是否显而易见。

在第二步的判断中，如果区别特征仅包含非技术特征，那么应该分析这些非技术特征是否与发明要解决的技术问题或者与方案中的其他技术特征相关联，如果有关，则应该基于所述关联整体确定发明实际解决的技术问题，并进一步判断要求保护的发明对于本领域技术人员来说是否显而易见。如果无关，则说明该非技术特征不会给方案带来技术上的作用和效果，该发明实际解决的问题属于非技术问题。由于该方案没有对现有技术作出技术贡献，因此，该权利要求请求保护的技术方案不具备创造性。

在第二步的判断中，如果区别特征既包括技术特征又包括非技术特征，那么应该分析这些非技术特征是否与发明要解决的技术问题或者与其他区别技术特征相关联，如果有关，则应该将这些区别特征作为一个整体来确定发明实际解决的技术问题，并进一步判断要求保护的发明对于本领域技术人员来说是否显而易见；如果无关，则应该说明这些非技术特征所要解决的问题是什么，为何属于非技术问题，为何不能因这些非技术特征而使方案具备创造性。

创造性评判流程图如图1-3-3所示：

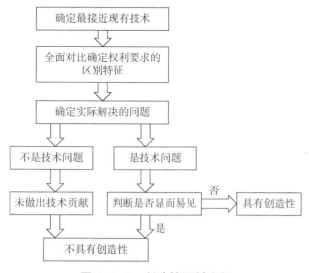

图1-3-3 创造性评判流程

（二）需注意的问题

1. 遵循整体判断

进行创造性判断时，首先需要理解其技术方案，在这一过程中，要将权利要求包含的特征视为一个有机的整体，而不是孤立地、离散地拆分特征。通过考察方案整体上解决的技术问题、达到的技术效果，分析构成技术手段的各个特征的作用以及它们之间的相互关联。

应当注意，正如技术术语不等同于技术特征一样，字面上看似属于非技术性的词语也不能武断地视为非技术特征，而是需要将这些特征放在权利要求整体方案的框架下考虑，看这些非技术特征是否属于与发明要解决的技术问题或者与技术特征相关联的非技术特征。

2. 运用技术视角

对权利要求的理解应当关注权利要求特征的技术价值，以技术的视角审视权利要求中各特征在方案中的作用，明确技术特征和与发明要解决的技术问题或者与技术特征相关联的非技术特征。发明的创造性体现的是该发明对现有技术做出的贡献，因此创造性判断依据的至少应当是权利要求中具有技术价值的特征，创造性判断结论也取决于权利要求方案的技术构成。但不能忽略的是，那些对方案有技术影响的非技术特征在创造性评判时，应与技术特征一起作为方案实现的技术手段进行评判。

3. 准确确定问题

在创造性审查中，权利要求与最接近现有技术的区别特征是影响权利要求显而易见性判断结论的关键，而对区别特征的分析集中体现在确定发明实际解决的技术问题。

在基于权利要求与现有技术的区别特征确定发明实际解决的问题时，应当综合考虑区别特征为方案实际带来的效果，准确确定发明实际解决的问题，并客观判断该问题是否属于技术问题。在这一过程中，特征、问题、效果的技术性应放在一起，互相印证看待。

关于什么是技术性，专利法和各版审查指南都没有直接的说明，但明确了技术方案是对要解决的技术问题所采取的利用了自然规律的技术手段的集合。由此可以看出，所谓"技术性"，其核心在于包含受自然规律约束的内容。因此在进行技术性判断时，应当关注采用的手段与解决的问题和获得的效果之间是否具有符合自然规律的必然联系，或者说对问题的解决是否是建立在技术约束的基础上。

需要注意的是，对于方案中记载的所有特征，在客体判断阶段被认定为技术性的内容在创造性判断中同样应被认定为是技术性的，即在客体判断阶段被认定为技术方案的部分在创造性评述中仍然是技术性的，对于该技术方案需要检索现有证据，并按照创造性评判方式审查其是否具有突出的实质性特点。

4. 客观评价方案中的公式、模型等特征

由于算法相关申请大多涉及演绎和推算，因此同样的公式或算式在不同方案当中可能具有不同的表现形式，但实际求解得到的结果是相同的。因此，对于算法相关申请，在特征对比时，不宜仅根据算法特征表现形式而简单认定两者方案中构成技术手段的算法特征是相同的或者是不同的，而是应当依据有关的数学知识分析两者实质上是否相同，以及由现有技术是否可以推导出该发明中涉及的算法特征。

对于数据库相关专利申请而言，由于技术自身的复杂性，其权利要求中各技术特征之间的关联关系也相对复杂。因此，对于该领域的专利申请，要注意将方案中存在关联关系的各技术特征作为整体来判断其创造性。在判断涉及数据库的发明专利申请的创造性时，需注意如下两个方面：

（1）数据库管理系统各模块之间的技术关联以及数据库管理方法各步骤之间的技术关联。

对于涉及数据库管理系统的权利要求，在整体考察其创造性时，除了关注系统各构成模块，还应重视系统各模块之间的技术关联，要考虑对这种技术关联及其改进是否在数据处理方式或数据库运行方式等方面产生了影响，从而在解决相应技术问题时做出贡献，获得了相应的技术效果。

类似的，对于涉及数据库管理方法的权利要求，也需重视各方法步骤之间的技术关联，从整体上判断其创造性。

（2）数据库处理或管理方法各步骤与相关数据库模块之间的技术关联。

对于涉及数据库处理或管理方法的权利要求，其方法步骤可能会涉及部分数据库模块。在整体考察这类权利要求的创造性时，要关注各方法步骤与相关数据库模块之间的技术关联，以及各步骤之间的关系与相关数据库模块之间的技术关联，考虑这些技术关联及其改进是否在数据处理方式或数据库运行方式等方面产生了影响，并解决了相应技术问题，获得了相应的技术效果。

除以上两方面外，还需要关注数据类型、数据性质以及数据格式与其他技术特征之间的技术关联。

当数据库相关发明专利申请与现有技术的区别在于数据类型、数据性质以及数据格式等方面时，由于这些方面与数据处理方式或数据库运行方式具有较强的技术关联，例如，数据类型、数据性质以及数据格式的改变可能会带来数据存储系统或方法的改变，或者可能会影响该数据的处理方式，因此，在判断是否具备创造性时，要考虑上述几个方面与其他技术特征之间是否存在紧密的技术联系，避免将数据类型、数据性质以及数据格式简单割裂出来。

第二章

新领域、新业态相关申请客体判断案例解析

第一节　互联网领域典型案例及解析

■ 案例1：制定博弈策略未遵循自然规律

（一）案情介绍

【发明名称】

计算机博弈策略的制定方法及装置

【背景技术】

随着个人计算机（PC）和互联网的普及，越来越多的博弈学者和棋牌爱好者通过 PC、互联网对博弈行为进行研究或参与多人竞技活动。在单机或线上博弈活动中，用户离开或者掉线无法进行博弈行为时，往往希望博弈能够继续正常进行，这使得计算机博弈（也称机器博弈）成为一个极具挑战与发展前景的计算机研究领域。

【问题及效果】

现有技术提供了采用类似遗传算法来解决自动博弈问题的方案，该方案通过计算机玩家在博弈活动中的身份采取不同的博弈策略，借助遗传算法在博弈过程中不断演化，产生更加智能的博弈策略。但是，该方法存在如下主要问题：首先，学习速度过于缓慢，需要对牌局演化很多遍才能达到收敛效果，不能快

速制定出合理的博弈策略；其次，该方法的前提是对同一牌局的演化，而实际博弈过程中博弈开始时的牌局是千变万化的，无法在新牌局开始时起到智能博弈的效果；最后，该方法生成各博弈方基因库和随机策略基因的前提是必须将其他博弈方不可知的博弈数据元集合公开给己方才可以进行后续计算，这违背了博弈的规则。

本申请提供的计算机博弈策略的制定方法及装置，获取博弈数据元全集和参与博弈的己方数据元集；根据博弈数据元全集和己方数据元集，估算己方之外的每个参与方的数据元集；根据己方数据元集和估算的每个参与方的数据元集，确定所有数据项集；根据预设的博弈规则和所有数据项集，构建博弈树；采用博弈树制定针对当前博弈局面的博弈策略。该方法所制定的博弈策略科学程度高、针对性强、智能化程度高，能够有效提升己方的胜算概率。

【实施方式】

基于现有技术的不足，本专利申请提出一种计算机博弈策略的制定方法，说明书给出了有关算法的流程，如图 2-1-1：

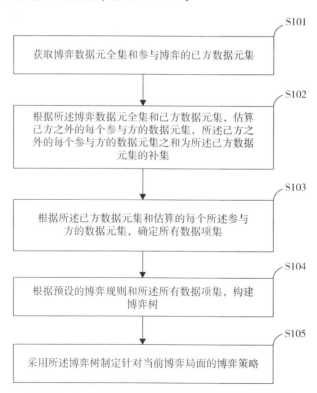

图 2-1-1　计算机博弈策略的制定方法算法流程

具体的可包括如下步骤：

步骤 S101：博弈开始。读取智能程度的设置，包括博弈树遍历最大深度 SearchMaxDepth，策略胜率最小置信度 StrategyMinConfidence，存储数据集大小 MemorySize 和对特殊数据的遗忘权重 MemoryWeight，分别模拟人类心算能力、风险评估和记忆能力。

步骤 S102：根据已知的博弈数据构建其他用户的原始数据集 PlayersDataSet，初始化各元素估值 Valuations 为 1。在博弈过程中根据再次获取的数据和博弈局面信息进行自我修正。

步骤 S103：构建博弈树 GameTree。根据各用户的数据集 PlayerDataSet 初始值构建博弈树，博弈树各节点权重 NodeWeight 初始为 1。

步骤 S104：判断是否轮到己方博弈。

步骤 S105：如果轮到其他用户博弈（己方之外的每个参与方），则根据获得的用户博弈数据，缩小该用户的数据集 PlayerDataSet 元素范围，同时剪掉计算出的不可能存在的博弈树分支。

步骤 S106：如果轮到己方博弈，通过各节点权重的计算结果，对博弈树进行 Alpha-Beta 剪枝搜索，制定策略权重 StrategyWeight 满足条件的博弈树分支。具体计算公式如下：

$$\text{StrategyWeight}_j = \sum_{i=0}^{N} \text{NodeWeight}_i \qquad (2-1-1)$$

式中，j 为分支序号；N 为搜索深度 MaxSearchDepth；NodeWeight 为节点权重。

步骤 S107：更新己方的博弈数据。例如：可以为删除已经公开的博弈数据信息等。

步骤 S108：是否满足博弈结束条件。博弈结束条件可以包括：正常的博弈结束和用户中途弃权导致博弈无法再进行的情况，具体可以参考所设置的博弈规则。

步骤 S109：根据当前博弈局面，估算刚刚完成博弈行为的用户的未知数据在其数据集中存在的概率 PlayerDataProbability，该概率的计算非常重要，直接影响博弈树节点权重的计算。数据存在的概率决定节点存在的概率，结合 Alpha-Beta 剪枝搜索到目标深度 SearchMaxDepth 时确定的每个节点的胜率 NodeWinRate，最终才能确定策略的选择。其中，PlayerDataProbability 与节点概率 NodeProbability、节点最终权重 NodeWeight 之间可换算。具体关系如下：

$$P(\text{Node}_j) = P(\text{Data}_0) \times P(\text{Data}_1) \times \cdots \times P(\text{Data}_i) \qquad (2\text{-}1\text{-}2)$$

式中，j 为博弈树节点序号；i 为组成一个节点的所有数据的序号。

$$\text{NodeWeitht}_j = \sum_{i=0}^{N} P(\text{Node}_i) \times \text{NodeWinRate}_i \qquad (2\text{-}1\text{-}3)$$

S310：博弈结束。

【权利要求】

1. 一种计算机博弈策略的制定方法，其特征在于，包括：

步骤 S101，获取博弈数据元全集和参与博弈的己方数据元集；

步骤 S102，根据所述博弈数据元全集和己方数据元集，估算己方之外的每个参与方的数据元集，所述己方之外的每个参与方的数据元集之和为所述己方数据元集的补集；

步骤 S103，根据所述己方数据元集和估算的每个所述参与方的数据元集，确定所有数据项集；

步骤 S104，根据预设的博弈规则和所述所有数据项集，构建博弈树；

步骤 S105，采用所述博弈树制定针对当前博弈局面的博弈策略。

（二）案例分析

权利要求 1 记载的方案试图保护一种计算机博弈策略的制定方法。从该权利要求的方法步骤的表述来看，步骤 S101～S105 都限定了计算机制定博弈策略过程中所采用的方式，因此判断该权利要求的方案是否属于授权客体的关键在于正确理解博弈本质以及计算机制定博弈策略时所采用的手段与解决的问题之间的关联是否受到自然规律的约束。

根据说明书记载的内容，博弈常为对抗性博弈，己方对于对立方和搭档的详细数据元不会完全知悉，所谓"知己知彼，百战不殆"的实质就是：通过对未知博弈数据元集合的恰当估算，制定出恰当的博弈策略，从而有效提升博弈胜算的概率，而对于未知博弈数据元集合的估算是否能制定出恰当博弈策略是其关键。权利要求 1 的步骤中所记载的手段实际上就是对其他博弈方未知博弈数据元集合的估算。

本申请在未知数据元集合的估算过程所依赖的数据包括人类心算能力、记忆能力等数据，这些数据本身有一定主观性，且在估算以及制定博弈策略的过程中所遵循的原则就是能否满足博弈规则，而这并不符合自然规律的约束。因此，对于本申请而言，为了解决提升胜算概率的问题而采用博弈规则等计算方法没有遵循自然规律，因而该解决方案不构成《专利法》第 2 条第 2 款规定的技术方案，不属于专利保护客体。

（三）案例启示

对于涉及算法的权利要求，我们在判断权利要求是否属于专利保护客体的时候，若确定权利要求的方案中的算法并不仅仅包括数学问题，则应将关注重点放在方案所限定的算法之外的其他内容与该算法的关系上。

以本申请而言，其请求保护的是计算机博弈策略的制定方法，要解决的是在博弈中如何提升己方的胜算概率的问题，但这并非是技术问题。为了解决该问题，该案所采用的手段是利用博弈规则进行概率计算。所采用的手段并不属于符合自然规律的技术手段。

■ 案例 2：利用自然规律不排除对人自然属性的利用

（一）案情介绍

【发明名称】
共享在线空间中的参与者的基于关系的表示
【背景技术】
随着虚拟社区技术的不断发展，越来越多的用户使用基于因特网的社交网络站点、聊天室、论坛讨论以及即时消息收发等在线通信介质进行非面对面的交互，在这种虚拟环境中，用户之间彼此协作或互相关注（如在微博、博客、在线会议、演示以及实况论坛讨论等）从而共享在线环境。在具有多个用户的共享在线空间中，每个用户都具有他或她关注并与之交互的多个其他用户（称之为朋友）。

现有的系统中，为用户显示他或她的朋友时，仅仅以相同的方式来显示各成员（如在显示区域中具有相同的突出性），同时，也仅仅能提供一些初步分类，如按更新时间或按字母表顺序排列显示，但是，这样的方式会使得用户无法区分哪些朋友与自己更亲密，哪些较为疏远。

【问题及效果】
为了使用户能够较为直观地区分出多个朋友的亲密度，该案提出了一种向用户呈现用户界面的方法和系统，其能够允许与用户具有较密切在线关系的那些成员参与者的个性化头像显示得比具有较疏远在线关系的那些成员更突出，并维护这样的视觉差异，从而使用户能够较为直观地区分出多个朋友的亲密度。

【实施方式】

如图2-1-2所示，在一个基于Web的聊天室，用户与聊天室中的其他成员进行在线聊天时，该聊天界面会为用户显示他或她的伙伴列表，该列表显示的是与当前用户具有交互关系的聊天室成员，其中，用这些成员在聊天室中的成员名显示他们或她们，并且可按照特定的次序来列出显示，例如按照首字母顺序、登录时间等。

如图2-1-3所示，该案通过如下的方法来为用户提供具有视觉差异的用户界面：（1）确定用户与共享在线空间的每个成员之间的关系值；（2）将确定好的关系值与成员的视觉相关联，例如，将关系值与用户的照片或头像图片进行关联；（3）在用户的共享在线空间的显示中，基于关系值将成员的视觉进行缩放，以适合可用的屏幕空间，例如，将关系值较高的成员的头像图片放大显示，将关系值较低的成员头像图片缩小显示。

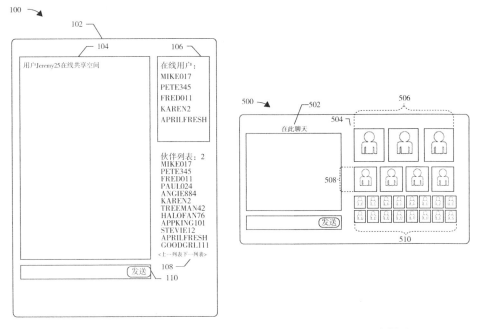

图2-1-2　基于Web的聊天室　　　图2-1-3　用户界面

【权利要求】

1. 一种用于向共享在线空间的用户呈现该共享在线空间的各成员的方法，包括：

服务器基于用户和联系人在共享在线空间中的共存值和社交网络关系数量来确定所述用户和联系人之间的关系值；其中，

基于所述用户和多个联系人在所述共享在线空间中的共存来确定用户和联系人关系的共存值；

基于所述用户和成员之间的社交网络关系的数量来确定所述用户和成员关系的社交网络关系数量；

服务器将所述用户与联系人之间的关系值关联到所述成员在所述共享在线空间中使用的指定视觉表示；以及

在客户端显示所述用户的共享在线空间时，基于所述关系值来将多个联系人相应的视觉表示进行缩放，以适合可用屏幕空间，从而使得具有较高关系值的联系人具有较大视觉表示。

（二）案例分析

对该案进行客体判断的难点在于：确定并放大显示具有较高关系值的联系人，属于智力活动的规则和方法，还是属于利用了自然规律的技术手段。

通过权利要求记载的方案可知，该方案要解决的问题是如何直观区分多个联系人之间的联系紧密程度。为解决这一问题，所采用的手段是根据用户与多个共享在线空间的联系人之间的关系值进行联系人的放大或者缩小显示，所述关系值由共存值和社交网络关系数量来反映。首先，从关系值的确定来看，该方案并非依据用户主观认定亲密程度。例如，主观地认定亲属比同学具有更高的关系值。这种主观认定不能客观反映出用户与亲属和用户与同学在联系紧密程度上的必然联系，实际上这种联系紧密程度因人而异，如有的人与亲属联系紧密，有的人与同学联系紧密，因此依据主观认定未遵循自然规律。

该方案中的"共存值"是由用户和多个联系人在所述共享在线空间中的共存情况确定。具体而言，依据用户和成员在同一时间登录在线社交空间的频率来确定，而用户和成员 A 同时登录的频率如果比用户与成员 B 同时登录的频率大，反映出用户与成员 A 较比与成员 B 的联系更多，这种利用用户与不同联系人在在线空间共存的情况来体现用户与不同联系人的联系紧密程度的方法，能够客观反映出该用户与不同联系人在联系紧密程度方面的必然联系，遵循的是自然规律，不以用户的个人意愿为转移。

此外，当确定了用户与联系人的联系紧密程度后，对联系紧密的联系人进行放大显示，而图标差异化显示（放大或缩小）利用了人眼的视觉感官的自然属性，人眼对放大或突出显示的图像或字体会产生更为强烈的视觉刺激，这一反应过程属于人脑对客观世界的直接反应，能够获得确定的技术效果，是受自然规律约束的。因此，对于该案而言，为解决上述问题而采用基于关系值将联系人的视觉表示进行缩放的手段是遵循自然规律的。

综上所述，上述解决方案所要解决的直观区分多个联系人联系紧密度的问题是技术问题，所采用的根据多个联系人的关系值将联系人的视觉表示进行缩放的手段是遵循自然规律的技术手段，获得的使用户直观了解联系人之间联系紧密程度的效果属于技术效果，因此，该解决方案符合《专利法》第 2 条第 2 款的规定，构成技术方案。

（三）案例启示

在判断某解决方案所采用的手段是否利用了自然规律时，不能盲目排除人的因素。对于为改进用户体验而形成的解决方案，对涉及人的自然属性的因素应进行全面、客观地分析。如果为解决某问题而采用的手段，其效果是因人而异的，具有不确定性，则该手段不属于利用了自然规律的技术手段。例如，为解决提升用户满意度的问题将手机壳制作为白色，那么，由于并非所有人都会认为白色是好看的，符合个人喜好的，因而为解决提升用户满意度的问题而将手机壳制作为白色并未利用自然规律，该解决方案也不构成技术方案。

■ 案例 3：智能电网危害分析利用自然规律

（一）案情介绍

【发明名称】

智能电网中动态微网划分的假数据注入攻击危害衡量方法

【背景技术】

智能电网采用了计算智能使得电力系统的发电、输电、配电、耗电过程清洁、安全、可靠、有弹性、有效以及可持续，是 CPS（电力信息物理融合系统）的一个典型实例。为了提高智能电网的局部可靠性和操作效率，Lasseter 首次提出了微网技术，其包括全套的发电装置、储能设备、负载以及能源管理系统。当其处于连接态时，其整体可以被当作一个供电节点或需电节点与外界进行能量交换；当其处于隔离态时，微网自给自足，独立运行。为了保证微网独立运行时正常工作的用户数量最大，研究人员提出了根据电网中用户的供应量和需求量动态调整微网结构的动态微网划分。针对动态微网划分，过去已经做出了一些有价值的研究，但是动态微网划分非常依赖于用户端采集的电能消耗数据，这些数据由智能电网 AMI（高级量测体系）中的智能电表周期性量测，而智能电表存在很大的安全隐患，其脆弱性主要表现在攻击者可以通过量测组件与外界互联的开放无线或有线网络接口对其进行捕获并发起网络攻击。这些攻击可以造成电力中断、电子设备故障、电力传输成本增加以及价格增加等危害。

【问题及效果】

目前针对智能电网 AMI 中智能电表的假数据注入攻击只是揭示了对用电公平、能量路由以及阶梯电价造成的危害，而没有研究其对动态微网划分的风险和影响。动态微网划分在假数据注入攻击面前有极大的脆弱性，因为其划网依据是智能电表报告的用户需电量和供电量，所以一旦这些量测值被攻击者篡改，决策中心就会做出错误的划网决策，使得微网内部出现供需失衡，进而造成缺电用户数量和能量浪费增多。

该申请的目的在于克服上述现有技术的缺点，提供一种智能电网中动态微网划分的假数据注入攻击危害衡量方法，该方法能够有效得到假数据注入攻击对智能电网的危害程度。在具体操作时，基于对智能电网的划分，通过正常情况下及假数据注入攻击后智能电网的缺电用户率及能量浪费值之差得到本次假数据注入攻击对智能电网的危害程度，操作简单，实用性极强。

【实施方式】

本申请提供的智能电网中动态微网划分的假数据注入攻击危害衡量方法包括以下步骤：

（1）将智能电网中的各用户划分为供电用户及需电用户。具体操作为：智能电表测量用户能够提供的储电量 ss_i、发电量 gg_i 以及需求的电量 dd_i，得用户能够提供的电量 sum_i，其中，$sum_i = ss_i + gg_i - dd_i$。当 $sum_i \geq 0$ 时，则该用户为供电用户；当 $sum_i < 0$ 时，则该用户为需电用户。

（2）建立电力系统图的点加权无向连通图，其中，点加权无向连通图中的节点表示智能电网中的母线或母线集合，节点的属性由母线下所有供电用户能够提供的电量总和以及所有需电用户需要的电量总和决定，当母线下所有供电用户能够提供的电量总和大于等于该母线下所有需电用户需要的电量总和时，则该节点为供电节点；母线下所有供电用户能够提供的电量总和小于该母线下所有需电用户需要的电量总和时，则该节点为需电节点，其中，节点的权值为该节点能够提供的电量值或需要的电量值。

（3）按地理位置将所有供电节点划分成若干供电节点组，其中，每一个供电节点组对应一个微网。

（4）计算各供电节点组能够提供的电量之和，并以各供电节点组提供的电量之和为背包容量利用含连通图约束的背包问题算法划分出各微网内的需电节点。

（5）计算正常情况下智能电网的缺电用户率及能量浪费值。

（6）对智能电网进行假数据注入攻击，重复步骤（1）、步骤（2）、步骤（3）及步骤（4），并计算攻击后智能电网的缺电用户率及能量浪费值。

步骤（5）中的正常情况下智能电网的缺电用户率的计算方法及步骤（6）中的攻击后智能电网的缺电用户率的计算方法均包括以下步骤：

设微网中有 Num_i 个需电节点，将微网中的 Num_i 个需电节点按需要的电量值的大小从小到大排序，得

$$d_1 \leqslant d_2 \leqslant \cdots \leqslant d_{Num_i} \qquad (2-1-4)$$

设缺电用户数为 m_i，非缺电用户数为 n_i，则微网只能为 $\{1, 2, \cdots, n_i\}$ 个用户供电，而 $\{n_i+1, n_i+2, \cdots, Num_i\}$ 不能得到足够的能量供应，其中，n_i 满足

$$\sum_{j=1}^{n_i} d_j \leqslant \sum p_i \leqslant \sum_{j=1}^{n_i+1} d_j \qquad (2-1-5)$$

式中，$\sum p_i$ 为微网内供电节点组中所有供电节点可以提供的能量总和。

则此时第 i 个电网中的缺电用户数 m_i 为

$$m_i = Num_i - n_i \qquad (2-1-6)$$

则智能电网的缺电用户率 $Rate$ 为

$$Rate = \frac{\sum_{i=1}^{k} m_i}{N} \times 100\% \qquad (2-1-7)$$

步骤（5）中的正常情况下智能电网的能量浪费值的计算方法及步骤（6）中的攻击后智能电网的能量浪费值的计算方法均包括以下步骤：

第 k 个微网的能量浪费值 $loss_i$ 为

$$loss_i = \sum p_i - \sum_{j=1}^{n_i} d_j \qquad (2-1-8)$$

式中，$\sum p_i$ 为微网内供电节点组中所有供电节点能够提供的能量总和；$\sum d_j$ 为微网内所有需电节点需要的能量总和。

则智能电网的能量浪费值 $Loss$ 为

$$Loss = \sum_{i=1}^{k} loss_i \tag{2-1-9}$$

（7）根据正常情况下智能电网的缺电用户率及能量浪费值与假数据注入攻击后智能电网的缺电用户率及能量浪费值之间的差值得本次假数据注入攻击对智能电网的危害程度。

【权利要求】

1. 一种智能电网中动态微网划分的假数据注入攻击危害衡量方法，其特征在于，包括以下步骤：

（1）将智能电网中的各用户划分为供电用户及需电用户；

（2）建立电力系统图的点加权无向连通图，其中，点加权无向连通图中的节点表示智能电网中的母线或母线集合，节点的属性由母线下所有供电用户能够提供的电量总和以及所有需电用户需要的电量总和决定，当母线下所有供电用户能够提供的电量总和大于等于该母线下所有需电用户需要的电量总和时，则该节点为供电节点；母线下所有供电用户能够提供的电量总和小于该母线下所有需电用户需要的电量总和时，则该节点为需电节点，节点的权值为该节点能够提供的电量值或需要的电量值；

（3）按地理位置将所有供电节点划分成若干供电节点组，其中，每一个供电节点组对应一个微网；

（4）计算各供电节点组能够提供的电量之和，并以各供电节点组提供的电量之和为背包容量，利用含连通图约束的背包问题算法划分出各微网内的需电节点；

（5）计算正常情况下智能电网的缺电用户率及能量浪费值；

（6）对智能电网进行假数据注入攻击，重复步骤（1）、步骤（2）、步骤（3）及步骤（4），并计算攻击后智能电网的缺电用户率及能量浪费值；

（7）根据正常情况下智能电网的缺电用户率及能量浪费值与假数据注入攻击后智能电网的缺电用户率及能量浪费值之间的差值得本次假数据注入攻击对智能电网的危害程度。

（二）案例分析

权利要求 1 请求保护一种智能电网中动态微网划分的假数据注入攻击危害

衡量方法。基于现有技术中缺乏对假数据注入引起微网划分决策错误的认识，为克服微网划分存在的脆弱性，提高微网划分的安全性，该方法在步骤（1）至步骤（4）通过连通图分析电网系统、以电量之和为背包容量，利用含连通图约束的背包问题算法等步骤划分微网，在步骤（5）根据划分后的微网计算正常情况下智能电网的缺电用户率及能量浪费值，在步骤（6）进行假数据注入攻击，并对攻击后的智能电网重新按照步骤（1）至步骤（4）进行微网划分，以及对攻击后的智能电网重新计算缺电用户率及能量浪费值，最后，在步骤（7）根据攻击前后缺电用户率和能量浪费值的差值来衡量假数据注入攻击危害程度。

一方面，该方法以连通图中的节点表示智能电网中的母线或母线集合，节点的属性由母线下所有供电用户能够提供的电量总和以及所有需电用户需要的电量总和决定，当母线下所有供电用户能够提供的电量总和大于等于该母线下所有需电用户需要的电量总和时，则该节点为供电节点；母线下所有供电用户能够提供的电量总和小于该母线下所有需电用户需要的电量总和时，则该节点为需电节点。该方法根据智能电表测量用户能够提供的储电量、发电量以及需求的电量，并用储电量与发电量之和减去需求的电量，计算得到用户能够提供的电量，当用户能够提供的电量大于等于 0 时，则该用户为供电用户，反之，则该用户为需电用户，需电量为上述计算结果的绝对值。另一方面，该方法利用各微网内缺电用户节点数量之和与整个智能电网总节点个数的比率计算得到智能电网的缺电用户率；该方法利用假数据注入，求得攻击前后缺电用户率和能量浪费值的差值，并且对于缺电用户率和能量浪费值，通过每个微网内所有供电节点能够提供的能量总和与微网内所有需电节点需要的能量总和之差来计算每个微网的能量浪费值，并将所有微网的能量浪费值加和得到整个智能电网的能量浪费值。上述对于储电量、发电量及需求的电量的测量，及对供电量和需电量的计算，并不以人的意志为转移，是由电网系统本身运行规律确定的，遵循了自然规律；上述智能电网的缺电用户率及能量浪费值以及攻击前后缺电用户率和能量浪费值的差值的计算规则，不以人的意志为转移，而是遵循了划分为多个微网的智能电网系统本身的运行规律，即遵循了自然规律。采用上述符合自然规律的技术手段，该权利要求解决了有效得到假数据注入攻击对智能电网的危害这一技术问题，并且，能够获得"电网危害分析操作简化"的技术效果。

因而，该方案为解决有效得到假数据注入攻击对智能电网的危害程度这一技术问题，采用了符合电网系统运行规律的技术手段，并取得了相应的技术效果，属于《专利法》第 2 条第 2 款规定的技术方案。

（三）案例启示

如果方案为解决物质世界中的特定技术问题，采用利用了自然规律的技术手段，并获得相应技术效果，则构成专利法意义上的"技术方案"，满足保护客体要求。

根据《专利审查指南 2010》中关于技术方案的定义，准确判断方案要解决的问题与为解决该问题所采取的技术手段的集合之间是否受自然规律约束，对于客观得出是否该解决方案构成技术方案至关重要。

■ **案例 4：电网投资效应分析未利用自然规津**

（一）案情介绍

【发明名称】
一种具备可推广性的省级电网投资效应分析方法
【背景技术】
随着电网规模不断扩大、结构日益坚强，我国的省级电网已由传统的电力输送，向推动更大范围资源优化配置、促进市场化发展的新模式转变。常规的电网投资效应分析侧重于分电压等级的电源装机和电力需求情况的统计，基建投资占比、电网投资与负荷增长的弹性系数、公司负债率等基础指标的趋势比对。
【问题及效果】
常规的电网投资效应分析缺乏对投资走向的深入挖掘和投资效应的细化分解。提供一种系统完善的电网投资效应分析方法，在新型经济发展模式下全面细化衡量省级行政区域内具有自然垄断性质的电力行业中电网企业的投资效应，合理引导资金流向，促进资源优化配置，同时，计算方法简便易行，结论真实可靠，可推广性强。
【实施方式】
基于现有技术的不足，本申请提出一种具备可推广性的省级电网投资效应分析方法，有关省级电网投资效应分析方法的流程如图 2-1-4：

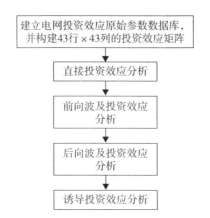

图 2-1-4 省级电网投资效应分析方法流程

【权利要求】

1. 一种具备可推广性的省级电网投资效应分析方法，其特征在于，所述方法包括如下步骤：

（1）建立电网投资效应原始参数数据库，并构建 43 行×43 列的投资效应矩阵；

（2）直接投资效应分析；

（3）前向波及投资效应分析；

（4）后向波及投资效应分析；

（5）诱导投资效应分析；

所述步骤（1）包括如下步骤：

步骤 1-1：建立电网投资效应原始参数数据库，所述原始参数数据库包括一年省级行政区投入产出延长表，研究年份范围内某省的电网基建、技改、营销、信息化投资占比，资产总额，利润总额，资产负债率及国民经济生产总值；

步骤 1-2：将所述原始参数数据库中涉及电力行业的中间使用值、最终使用值、中间投入值、增加值均按比例拆分为发电企业和电网企业两部分，构建 43 行×43 列的投资效应矩阵；

所述步骤（2）中，所述直接投资效应分析取决于直接投资效应系数 I_d，以电网行业的增加值占省级行政区国民经济总增加值的百分比表征直接投资效应系数 I_d，公式如下：

$$I_d = \frac{\text{电网行业增加值}}{\text{省级行政区域 GDP}} \times 100\% \qquad (2\text{-}1\text{-}10)$$

在所述步骤（3）中，所述前向波及投资效应由直接分配系数、完全分配系数、中间使用系数、完全供给系数、推动力系数和前向波及经济效应系数决定，所述直接分配系数 h_{ij} 指第 i 部门单位总产品中直接分配给第 j 部门产品的数量，公式如下：

$$h_{ij} = \frac{x_{ij}}{X_i} \tag{2-1-11}$$

式中，x_{ij} 为第 i 部门提供给第 j 部门的产品数量；X_i 为第 i 部门的总产出。

所述完全分配系数 q_{ij} 指第 i 部门一单位初始投入对第 j 部门的完全分配量，公式如下：

$$\boldsymbol{Q} = (\boldsymbol{I}-\boldsymbol{H})^{-1}-\boldsymbol{I} \tag{2-1-12}$$

式中，$\boldsymbol{I}$ 为单位矩阵；$\boldsymbol{H}$ 为直接分配系数矩阵；$\boldsymbol{Q}$ 为完全分配系数矩阵。

所述中间使用系数 h_{ij} 指电网行业在生产过程中消耗或转换的物质产品和服务，公式如下：

$$h_{ij} = \frac{\sum\limits_{j=1}^{n} x_{ij}}{X_i} \tag{2-1-13}$$

所述完全供给系数 $\overline{q_{ij}}$ 指除电网行业对各部门的完全分配外，还包括其自身一个单位初始投入，公式如下：

$$\overline{\boldsymbol{Q}} = (1-\boldsymbol{H})^{-1} \tag{2-1-14}$$

式中，$\overline{\boldsymbol{Q}}$ 为完全供给系数矩阵。

推动力系数 Q_i 指第 i 部门推动力与各部门平均推动力之比，公式如下：

$$Q_i = \frac{\sum\limits_{j=1}^{n} q_{ij}}{\sum\limits_{i=1}^{n} \frac{G_i}{\sum\limits_{i=1}^{n} G_i} \sum\limits_{j=1}^{n} q_{ij}} \tag{2-1-15}$$

式中，$\sum\limits_{i=1}^{n} G_i$ 为国民经济初始投入量合计；G_i 为第 i 部门的初始投入；n 为部门总数。

所述前向波及经济效应系数 I_f，定义为电网行业增加值经完全分配系数矩阵引起其余各产业部门的增加值合计占国民经济总增加值的百分比，公式如下：

$$I_f = \frac{电网行业前向分配引起其余行业增加值合计}{省级行政区域 GDP} \times 100\% \qquad (2\text{-}1\text{-}16)$$

所述步骤（4）中，所述后向波及投资效应由直接消耗系数、完全消耗系数、中间投入系数、完全需求系数、影响力系数和后向波及经济效应系数，所述直接消耗系数 a_{ij} 指第 j 部门单位产出直接消耗第 i 部门产品的数量，公式如下：

$$a_{ij} = \frac{x_{ij}}{X_j} \qquad (2\text{-}1\text{-}17)$$

式中，X_j 为第 j 部门的总投入。

所述完全消耗系数 b_{ij} 指第 j 部门生产一单位产品需要完全消耗第 i 部门产品的数量，公式如下：

$$\boldsymbol{B} = (\boldsymbol{I} - \boldsymbol{A})^{-1} - \boldsymbol{I} \qquad (2\text{-}1\text{-}18)$$

式中，$\boldsymbol{B}$ 为完全消耗系数矩阵；$\boldsymbol{I}$ 为单位阵；$\boldsymbol{A}$ 为直接消耗系数矩阵。

所述中间投入系数 a_{cj} 指电网行业中外购产品所占比例，公式如下：

$$a_{cj} = \frac{\sum\limits_{i=1}^{n} x_{ij}}{X_j} \qquad (2\text{-}1\text{-}19)$$

所述完全需求系数 b_{ij} 是指除电网行业对各部门的完全消耗外，还包括其自身一个单位最终产品，公式如下：

$$\overline{\boldsymbol{B}} = (\boldsymbol{I} - \boldsymbol{A})^{-1} \qquad (2\text{-}1\text{-}20)$$

式中，$\overline{\boldsymbol{B}}$ 为完全需求系数矩阵。

所述影响力系数 C_i 指电网行业增加一单位最终产品时对省级行政区各产业

部门所产生的生产需求波及程度，公式如下：

$$C_i = \frac{\sum\limits_{i=1}^{n} b_{ij}}{\sum\limits_{j=1}^{n} \frac{y_j}{\sum\limits_{j=1}^{n} y_j} \sum\limits_{i=1}^{n} b_{ij}}$$
(2-1-21)

式中，$\sum\limits_{j=1}^{n} y_j$ 为国民经济所有部门最终产品合计；y_j 为第 j 部门的最终产品量；n 为部门总数。

所述后向波及经济效应系数 I_b 为电网行业增加值经完全消耗系数矩阵引起其余各产业部门的增加值合计占国民经济总增加值的百分比，公式如下：

$$I_b = \frac{\text{电网行业后向消耗引起其余行业增加值合计}}{\text{省级行政区域 GDP}} \times 100\%$$
(2-1-22)

所述步骤（5）中，所述诱导投资效应分析以电网投资引发的各部门劳动者报酬增加值乘以边际消费倾向率表征，公式如下：

$$I_L = \frac{\text{居民收入增加量} \times \text{边际消费倾向}}{\text{省级行政区域 GDP}} \times 100\%$$
(2-1-23)

式中，I_L 为诱导投资效应系数。

（二）案例分析

权利要求 1 请求保护一种具备可推广性的省级电网投资效应分析方法，该方法通过诸如某省的电网基建、技改、营销、信息化投资占比，资产总额，利润总额，资产负债率，国民经济生产总值等数据进行投入、产出、分配、消耗等相关经济学数据计算，进行直接投资效应、前向波及投资效应、后向波及投资效应以及诱导投资效应分析。具体为：在步骤（1）中建立电网投资效应原始参数数据库，并构建 43 行×43 列的投资效应矩阵，在步骤（2）中根据电网行业的增加值、省级行政区国民经济总增加值计算直接投资效应系数，在步骤（3）中基于各部门间产品分配数量、部门的总产出、初始投入对部门的完全分配量、电网行业在生产过程中消耗或转换的物质产品和服务、部门推动力等数据计算前向波及经济效应系数，在步骤（4）中基于对其他部门的消耗量、电网行业中外购产品所占比例、最终产品、部门的总投入等相关数据计算后向波及经济效应系数，在步骤（5）基于电网投资引发的各部门劳动者报酬增加值、边际消费倾向、省级行政区域国民经济生产总值等数据计算诱导投资效应系数。

该权利要求要解决的是对投资走向的深入挖掘和投资效应的细化分解的问题，即解决了具体应用领域的特定问题，不属于抽象的数学方法，因此不属于智力活动的规则和方法。

然而，该申请要解决的问题是常规的电网投资效应分析，缺乏对投资走向的深入挖掘和投资效应的细化分解，这显然属于金融投资相关的问题，并非技术问题。为解决上述问题，该申请采用的手段为：根据各投资效应相关公式，利用投资占比、资产总额、利润总额、资产负债率及国民经济生产总值等数据进行投入、产出、分配、消耗等相关经济数据的计算。例如，（1）直接投资效应分析，是通过计算电网行业的增加值占省级行政区国民经济总增加值的百分比以表征直接投资效应系数。（2）前向波及投资效应由直接分配系数、完全分配系数、中间使用系数、完全供给系数、推动力系数和前向波及经济效应系数表征，其中，直接分配系数由第 i 部门提供给第 j 部门的产品数量与第 i 部门的总产出的比率计算得到，完全分配系数定义为第 i 部门一单位初始投入对第 j 部门的完全分配量，中间使用系数定义为电网行业在生产过程中消耗或转换的物质产品和服务，完全供给系数定义为除电网行业对各部门的完全分配外还包括其自身一个单位初始投入，推动力系数定义为第 i 部门推动力与各部门平均推动力之比，前向波及经济效应系数定义为电网行业增加值经完全分配系数矩阵引起其余各产业部门的增加值合计占国民经济总增加值的百分比。（3）后向波及投资效应由直接消耗系数、完全消耗系数、中间投入系数、完全需求系数、影响力系数和后向波及经济效应系数表征。直接消耗系数定义为第 j 部门单位产出直接消耗第 i 部门产品的数量；完全消耗系数指第 j 部门生产一单位产品需要完全消耗第 i 部门产品的数量；中间投入系数定义为电网行业中外购产品所占比例；完全需求系数定义为除电网行业对各部门的完全消耗外还包括其自身一个单位最终产品；影响力系数定义为电网行业增加一单位最终产品时对省级行政区各产业部门所产生的生产需求波及程度；后向波及经济效应系数定义为电网行业增加值经完全消耗系数矩阵引起其余各产业部门的增加值合计占国民经济总增加值的百分比。（4）诱导投资效应分析以诱导投资效应系数表征，定义为电网投资引发的各部门劳动者报酬增加值乘以边际消费倾向率。

显然，各个效应分析步骤中的各系数的定义及计算公式仅仅是人为主观设定以及根据投资规律设定的投资效应计算规则，计算公式中的参数以及变量也是根据金融投资规律主观设定的与投入、产出、分配、消耗等相关的反映人的金融投资活动的数据，并没有遵循自然规律。因而，表征各投资效应的各个系数的计算规则不是符合自然规律的技术手段，即该申请利用经济学规律进行投资相关数据的计算来解决投资走向及效应分析的问题，所采用的手段与其所要解决的问题之间不符合自然规律的约束，获得的效果也仅仅是引导资金流向的金融投资方面的效果，并非技术效果。因此，权利要求请求保护的方案不属于《专利法》第2条第2款规定的技术方案，不属于专利保护客体。

（三）案例启示

即使该申请的方案不属于抽象的算法，而是解决了特定的问题，还要进一步判断，该方案是否针对物质世界中的特定技术问题、为解决该特定技术问题所采用的手段是否利用了自然规律并获得相应技术效果，才可能构成专利法意义上的"技术方案"，满足专利保护客体的要求。如果方案虽然解决了特定的问题，但为解决该特定问题所采用的手段与问题之间遵循的是经济规律，并非自然规律，则该方案不构成技术方案，不属于专利保护客体。

第二节 大数据领域典型案例及解析

■ 案例5：不构成保护客体的大数据聚类方法

（一）案情介绍

【发明名称】
整合结构聚类和属性分类的多目标社区发现方法

【背景技术】
复杂网络中的社区发现方法对于理解网络的功能和可视化网络的结构等至关重要。通常来说，一个社区是网络中所有个体组成集合的一个子集，该集合中的个体相似，并和子集外的个体不相似。大部分社区发现方法仅考虑网络拓扑结构信息，将社区定义为紧密连接的节点集合，并采用结构聚类的方法利用拓扑结构信息划分网络。然而真实网络通常具有大量描述节点特征的属性信息，如用户基本信息、爱好信息、行为信息等。分类方法是使用属性信息划分网络节点集合的最好方法之一，其将具有相同属性的节点划分到一个社区中。结构聚类和属性分类能够分别充分利用结构和属性信息划分网络，但是二者都只利用一种信息而忽视另一种信息。这导致划分出的社区结构要么具有随机的属性值分布，要么具有松弛的内部连接结构。

【问题及效果】

理想的社区发现方法还应考虑网络的结构信息和属性信息。现有的综合结构信息和属性信息的社区发现方法主要分为统一模型法和分离模型法。统一模型法通过一个统一的模型用同样的方式处理结构和属性信息。现有技术中的采用贝叶斯模型来同时处理结构和属性信息的方法将社区发现问题转化成一个概率推断问题，并使用变分法解决。然而，由于拓扑和属性信息是两种完全不同的信息，统一模型方法无法通过建立一个统一的模型来充分利用两种信息的划分能力。分离模型法采用不同的模型建模拓扑和属性信息。现有技术中采用不同的概率似然模型建模拓扑和属性信息。使用一个超参数将两个模型整合起来。超参数需要提前设定，用来控制拓扑信息和属性信息之间的相对重要性。然而，拓扑和属性的相对重要性通常无法提前知道，因此很难提前设定超参数的值，并且使用概率似然模型属性信息忽视了属性的分类本质。为了解决现有方法很难充分利用网络结构和属性信息发现多样的社区结构的问题，本申请提出一种整合结构聚类和属性分类的多目标社区发现方法，设计一个衡量属性分类质量的目标函数，利用多目标优化策略同时优化结构质量和属性质量，发现对应于结构和属性不同平衡的多样化的社区结构。

【实施方式】

如图 2-2-1 所示，整合结构聚类和属性分类的多目标社区发现方法包括如下步骤：首先建立待分析网络的邻接矩阵 **A** 和属性矩阵 **B**，然后构建衡量社区划分结构质量的目标函数模块度和构建衡量社区划分属性质量的目标函数均质性。在此基础上，初始化网络社区划分种群，使用交叉和变异操作更新社区划分种群，并通过组合社区划分子种群和外部支配种群，生成下一代种群，从而找出最终的社区划分种群中的所有支配社区划分，计算每个支配社区划分的模块度和均质性，根据具体应用及模块度和均质性的值选择社区划分。

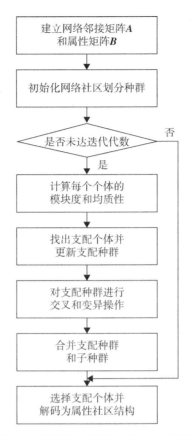

图 2-2-1 整合结构聚类和属性分类的多目标社区发现方法

【权利要求】

1. 一种整合结构聚类和属性分类的多目标社区发现方法，其特征在于，包括如下步骤。

步骤 S1：建立待分析网络的邻接矩阵 A 和属性矩阵 B，为待分析网络所有节点进行连续编号，编号从 1 开始，构建正方形邻接矩阵 A，构建属性矩阵 B。

步骤 S2：构建衡量社区划分结构质量的目标函数模块度得

$$Q(X) = \sum_{G_j \in X} \frac{\sum_{i,j \in G_j} A_{ij}}{2m} - \sum_{G_i \in X} (\frac{\sum_{i \in G_i} k_i}{2m})^2 \qquad (2\text{-}2\text{-}1)$$

式中，X 为网络的社区划分；G_i 为社区划分中的社区；k_i 为第 i 个节点的度；m 为网络总的边数；A_{ij} 为邻接矩阵 A 中的元素。其中，i 为第 i 个节点，j 为第 j 个节点。

步骤 S3：构建衡量社区划分属性质量的目标函数均质性得

$$H(X) = \sum_{j=1}^{t} \omega_j H_{b_j}(X) \qquad (2\text{-}2\text{-}2)$$

式中，ω_j 为社区划分 X 关于第 j 个属性均质性的权重；$H_{b_j}(X)$ 为社区划分 X 关于第 j 个属性的均质性；t 为属性的数量。

步骤 S4：初始化网络的社区划分种群。

步骤 S5：使用交叉和变异操作更新社区划分种群，生成社区划分子种群。

步骤 S6：组合社区划分子种群和外部支配种群，生成下一代种群 B_0，设置种群代数 g 的值增加 1，如果 $g < G_{\max}$，则返回步骤 S5 继续迭代；否则进行步骤 S7；其中 $G_{\max}$ 为种群进化迭代次数。

步骤 S7：找出最终社区划分种群 B_g 中所有支配社区划分，计算每个支配社区划分的模块度和均质性，根据具体应用及模块度和均质性的值选择社区划分。

（二）案例分析

本申请的一种整合结构聚类和属性分类的多目标社区发现方法共包括 7 个步骤，即步骤 1 基于社区网络构建邻接矩阵 A 和属性矩阵 B；步骤 2 构建衡量社区划分结构质量的目标函数模块度；步骤 S3 构建衡量社区划分属性质量的目标函数均质性；步骤 S4~S6 通过社区种群迭代的方式，对网络中的社区进行迭代划分；最终步骤 7 中，在迭代达到预定次数后找出最终社区划分种群 B_g 中所有支配社区划分，并分别计算各划分的模块度和均质性参审，并根据具体应用及模块度和均质性的值选择社区划分。

从权利要求方案的表达形式及其在说明书中声称的要解决的问题来看，应首先考虑其是否属于专利保护客体。对于该方案是否为《专利法》第 25 条所规定的智力活动的规则与方法一般存在如下两种观点。

第一种观点认为，该方案主题为一种整合结构聚类和属性分类的多目标社区发现方法，应用于复杂网络的社区划分，方案中需要将网络社区中的相关数据（种群等）与算法相结合，解决如何提高复杂网络社区发现性能的技术问题，属于算法应用于特定技术领域（复杂网络），与该特定技术领域数据相结合的类型，不是单纯的算法，不属于智力活动的规则与方法。相反的第二种观点则认为，该方案虽然是将算法应用于复杂网络社区发现，但方案限定的仅仅是算法本身的描述，并未体现其是复杂网络社区中的何种具体数据，因而没有解决具体的技术问题，因此该方案整体实质是一种单纯算法，属于智力活动的规则与方法。

　　为准确判断该方案是否属于专利保护客体，必须判断"复杂网络"究竟是否属于具体的技术领域。当以数学方法描述通信网络、互联网、人际关系网络、电力供应网等网络时，这些真实网络的构成元素及相互之间的关系可能被抽象为"复杂网络"，其中网络的节点和拓扑结构用于表示上述真实网络中的实体及其相互之间的关系。由此可见，"复杂网络"在概念上是对各种真实网络的数学抽象，不应被看作具体的技术领域。

　　此外从本申请的申请文件中可以看出，现有技术中将社区定义为紧密连接的节点集合，并依据结构信息划分网络。申请人提出理想的社区发现方法应同时考虑结构信息和属性信息，并设计了一个衡量属性分类质量的目标函数，利用多目标优化策略同时优化结构质量和属性质量，发现对应于结构和属性不同平衡的多样化的社区结构。由此可见，尽管申请人认为现有社区发现方法不够优化，但其同样认同社区是紧密连接的节点集合。因此本申请中的社区是抽象的数学概念而非任何实际的社区。相应的社区中的相关数据和操作，如种群、交叉和变异等操作均属于遗传算法本身的特征。因此本申请方案限定的仅仅是算法本身，属于智力活动的规则和方法，根据《专利法》第 25 条的规定，不能被授予专利权。

　　（三）案例启示

　　本申请的方案是以抽象的数学模型描述待分析网络，通过计算抽象的模块度和均质性指标作为社区划分依据，该算法并未应用于具体的技术领域，因而是单纯的数学建模和计算过程，其所要保护的对象仅仅是一种数学运算方法。

■ 案例 6：规则性特征不影响方案整体构成技术方案

　　（一）案情介绍

　　【发明名称】
　　事件的动态观点演变的可视化方法及设备
　　【背景技术】
　　随着 Web2.0 技术的快速发展，使得越来越多的人能够通过推特（Twitter）、微博等平台发表他们对某个事件的意见和想法。带有情感的内容反映了人们的反应，并可以展现出该事件的发展趋势。情感分析在其中有非常重要的作用。情感分析包含了情感分类，观点抽取和意见挖掘，评分预测等部分。现有技术中传统的情感分析的结果通常以饼图或者直方图的形式展现给用户，但是却不能帮助用户更好地理解事情的发展过程，除非用户自己去阅读关于此事件的大量非结构化的数据。

【问题及效果】

现有技术中有多种可以对观点进行可视化展示的方法，但是这些可视化方法大部分是基于饼图或直方图等进行展示，并不能显示事件的情感随时间变化及变化趋势。本领域有需求将情感分析的结果以更利于人机交互的方式，可视化地展示给用户，来帮助用户更好地理解数据，发现事件的发展趋势和转折点。

本申请提供了一种有效的、更直观的情感可视化方法，帮助用户理解数据、理解事件发展过程中动态观点的演变，识别事件的转折点和预测事件的发展趋势等，能够克服现有技术中无法显示事件的情感随时间变化及变化趋势的缺点。

【实施方式】

一个实施例以来自 TREC2011 微博数据集合中从 2008 年 6 月到 2009 年 9 月有关"Obama"的 41096 条微博作为社会事件信息集合的一个示例。具体步骤如下：

步骤（1）对社会事件信息集合中每条信息依据其点赞和点踩数量的比值与预定阈值进行比较，从而进行情感分类。对信息进行情感分类实际上就是计算该信息属于不同情感分类的隶属度（可简称为情感隶属度），并确定该信息所述的情感分类（也可称为情感类别）。每条信息的情感隶属度就是该条信息在截止该时刻为止，累计点赞的数目 p 与累计点踩的数目 q 之比的比值 r。如果比值 r 大于预定阈值 a，那么认为该事件的信息的情感分类为积极，如果比值 r 小于预定阈值 b，那么认为该事件的信息的情感分类为消极，如果比值 r 满足 $b \leq r \leq a$，那么该事件的信息的情感分类为中立，其中 $a>b$。

步骤（2）基于对所述信息集合中信息的情感分类，建立所述信息集合的情感可视化图形的几何布局。例如，分别统计上述信息集合中属于各个情感类别的信息的数量，建立所述信息集合的情感可视化图形的几何布局，在该几何布局中以横轴表示信息产生的时间，以纵轴表示属于各情感类别的信息的数量。以上述的示例为例，情感类别为积极、中立、消极三种类别，那么在纵轴方向通常可以从上到下安排情感类别层，最下方为消极情感类别，中间为中立情感类别，最上方为积极情感类别。这三个情感类别层可以是基于水平面从下向上依次排列，也可以是相对于情感类别中间层对称。

步骤（3）对所建立的情感可视化图形的几何布局进行着色，以使情感强度可视化。为了使可视化效果图不仅能辨识出情感的积极、中立、消极，同时能够体现出情感的强弱，需要对上述可视化图形中的各个情感类别层进行着色，以使情感强度可视化。在一个实施例中，采用了一种颜色和情感隶属度的映射函数，以此用颜色的渐变来表示情感的变化及其强度。通过该映射函数调整了RGB颜色模型，使得红绿蓝三种颜色可以任意混合产生多种颜色。也就是说每一种颜色都由这三个元素决定，红绿蓝中每一种的值都在 0 到 255 之间。

通过上述方法获得着色后的可视化图，最上面的是绿色，即积极类，向下绿色逐渐变浅，即"积极"的程度越来越弱；中间过渡到中立的黄色；最下面的是红色，即消极类，红色逐渐变深，即"消极"的程度越来越强。

【权利要求】

1. 一种动态观点演变的可视化方法，所述方法包括：

步骤（1），确定所采集的信息集合中信息的情感隶属度和情感分类，所述情感隶属度表示该信息以多大概率属于某一情感分类，所述情感分类为积极、中立或消极；

步骤（2），所述情感分类的具体分类方法为，如果点赞的数目 p 除以点踩的数目 q 的值 r 大于阈值 a，那么认为该情感分类为积极，如果值 r 小于阈值 b，那么认为该情感分类为消极，如果值 $b \leq r \leq a$，那么情感分类为中立，其中 $a > b$；

步骤（3），基于所述情感分类建立所述信息集合的情感可视化图形的几何布局，以横轴表示信息产生的时间，以纵轴表示属于各情感分类的信息的数量；

步骤（4），基于所述情感隶属度对所建立的几何布局进行着色，按照颜色的渐变顺序为各情感分类层上的信息着色。

（二）案例分析

本申请涉及事件动态观点演变的可视化展示，其具有具体的应用领域，即数据分析的可视化展示领域，因此本申请并非是单纯的抽象算法。

具体而言，本申请为了解决如何使人们以可视化的方式、更直观地了解针对某个事件的人们的观点、情感的演变过程，采用了如下具体的手段：通过对所采集的事件的评价信息进行处理，从而将其依照点赞或点踩表达出来的情感分为三类，并确定信息的情感隶属度；然后依照情感分类建立信息数据的情感可视化图像的几何布局，依照信息的情感隶属度对应于渐变的颜色，为各情感分类层上的信息着色。以上具体的手段中既包括我们通常认可的技术手段，即信息的采集步骤、信息的可视化展示步骤等；也有仅仅依据人为规定的方式确定信息的情感分类的步骤。我们重点要分析，该案解决的问题是否是技术问题，是否为解决该技术问题而采用了符合自然规律的技术手段，即要解决的技术问题和所采用的技术手段之间，是否有符合自然规律的约束关系。

具体到本申请，本申请利用了对信息情感分类的几何布局可视化图像进行着色的技术手段，对应于不同时间，将信息的不同情感隶属属度对应于不同的渐变颜色，解决了如何使用户快速直观地感知信息集合中信息的情感分类和情感强度随时间的起伏变化情况的技术问题。这种渐变颜色的强深弱浅对于人的视觉刺激是符合人的视觉感知规律的，基于人类共有的生理特性，不会因人而异，属于利用人的自然属性。也就是说，本申请所要解决的技术问题和所采用的技术手段之间，存在符合自然规律的约束关系。

尽管本申请对信息的情感分类的依据有其主观性，对信息的情感划分的手段仅仅是依据对信息的点赞和点踩的数目比值与预设阈值之间的关系来进行，该手段与确定信息实际表达的情绪之间客观上并没有必然的联系，但是从方案整体而言，该手段的非客观性并不影响该权利要求利用符合人眼视觉感知的自然规律的技术手段，解决了上述技术问题的实质。综上所述，本申请采用了符合自然规律的技术手段，解决了技术问题并产生了相应的技术效果，其所限定的内容即构成了《专利法》第2条第2款规定的技术方案。

虽然该申请为解决用户直观感知信息分类及发展趋势的技术问题采用了符合自然规律的技术手段，从而构成了技术方案，但是该申请由于不具备创造性仍然无法获得专利权，具体理由参见本书第三章第四节案例10。

（三）案例启示

在判断解决方案是否构成技术方案时，不能单纯地因为方案中采用了人为规定的、非客观的手段，就否定该方案构成技术方案，而是要从解决方案的整体来看，判断其是否为了解决其所要解决的技术问题而采用了遵循自然规律的技术手段，并产生了相应的技术效果。如果是，则方案中上述人为规定的、非客观的手段并不影响该解决方案整体上构成专利法意义上的技术方案。

■ 案例7：大数据预测手段是否符合自然规律

（一）案情介绍

【发明名称】
一种基于气温与经济增长的用电需求预测方法
【背景技术】
电力市场需求预测工作是国家能源主管部门和电网企业的一项重要基础性

工作，为国家能源监测与管理、电网企业生产计划与经营管理提供重要的支撑依据，因此对用电需求预测准确性提出了更高的要求。

传统的外推式预测方法因未考虑经济走势影响，往往按平稳增长继续演进，导致用电需求预测结果存在较大偏差，但是用电需求预测不能脱离经济增长而独立开展；同时，夏、冬季节的用电量中气温电量比重较高，因而用电需求受气温影响十分显著，为提高用电需求预测准确性，气温因素亦不容忽视。

【问题及效果】

现有技术中需要解决如何更准确地预测用电需求，就月度或季度层面的用电需求提供一种有效且更准确的预测方法。

本申请综合考虑了影响用电需求的两个最主要的因素——经济增长和气温，预测效果得到较好保证，且操作简单，预测过程便于实现，为月度或季度层面的用电需求提供了一种有效的预测方法，能够为能源主管和电力市场分析预测人员提供重要的参考依据。

【实施方式】

下面以安徽省月度全社会用电量预测为例进一步说明本申请。

一种基于气温与经济增长的用电需求预测方法，包括以下步骤：

S1、选取规模以上工业增加值或社会消费品零售额作为最佳经济指标；

安徽省作为中部省份，工业对其经济和用电的支撑性很强，由此选择规模以上工业增加值作为最佳经济指标。

S2、获取 2007~2014 年间各日的平均气温数据、各月的规模以上工业增加值增速数据和全社会用电量数据。

S3、根据 2007~2014 年间各日的平均气温数据，采用以下公式（2-2-3）计算得到 2007~2014 年间各月的平均气温（各月每日的平均气温的平均值），计算结果如表 2-2-1 所示：

$$AT_t = \frac{1}{D} \sum_{j=1}^{D} ATP_{tj} \qquad (2-2-3)$$

式中，AT_t 为 2007~2014 年间的第 t 年被研究月的平均气温；ATP_{tj} 为 2007~2014 年间的第 t 年被研究月的第 j 日的平均气温；D 为 2007~2014 年间的第 t 年被研究月的总天数。

表2-2-1　2007~2014年各月平均气温（单位：℃）

月份	各月平均气温							
	2007年	2008年	2009年	2010年	2011年	2012年	2013年	2014年
1~2月	5.81	1.70	4.85	4.36	2.16	2.58	4.12	4.93
3月	11.48	12.27	10.34	8.78	9.61	8.97	11.57	11.98
4月	16.80	16.82	17.15	13.41	17.39	18.14	16.39	16.56
5月	24.00	23.13	21.50	21.18	21.80	22.41	22.19	22.50
6月	25.43	24.29	26.82	25.19	25.27	26.41	25.35	25.24
7月	27.81	28.11	28.09	27.94	28.02	29.81	30.22	27.47
8月	28.18	27.02	26.96	28.45	26.52	27.52	30.49	25.38
9月	23.37	23.76	22.92	23.33	21.81	22.43	23.39	22.86
10月	18.01	18.48	19.55	16.64	17.05	18.29	18.03	18.63
11月	10.88	11.10	7.09	11.92	12.93	9.99	11.39	11.73
12月	6.20	5.48	3.83	6.21	3.34	3.30	3.92	4.54

S4、构建逐年同月经济增长指数计算模型：

$$EGI_t = 100 \times \prod_{n=1}^{t} (X_n + 1) \qquad (2\text{-}2\text{-}4)$$

式中，EGI_t 为2007~2014年间的第 t 年被研究月的经济增长指数，$t = 1, 2, \cdots, T$；T 为2007~2014年间的总年数；X_n 为2007~2014年间的第 n 年被研究月的规模以上工业增加值增速，$n = 1, 2, \cdots, t$。

根据2007~2014年间各月的规模以上工业增加值增速数据，计算得到2007~2014年间各月的经济增长指数，如表2-2-2所示：

表2-2-2　2007~2014年各月经济增长指数

月份	类别	2007年	2008年	2009年	2010年	2011年	2012年	2013年	2014年
1~2月	规模以上工业增加值增速	20.5%	19.3%	19.0%	26.5%	19.3%	17.0%	15.5%	12.2%
	经济增长指数	120.5	143.8	171.1	216.4	258.2	302.1	348.9	391.4

续表

月份	类别	2007 年	2008 年	2009 年	2010 年	2011 年	2012 年	2013 年	2014 年
3 月	规模以上工业增加值增速	17.3%	27.6%	16.0%	27.2%	20.8%	17.3%	14.5%	13.2%
	经济增长指数	117.3	149.7	173.6	220.8	266.8	312.9	358.3	405.6
4 月	规模以上工业增加值增速	19.5%	24.9%	14.5%	25.9%	19.1%	14.1%	14.6%	12.2%
	经济增长指数	119.5	149.3	170.9	215.2	256.3	292.4	335.1	376.0
5 月	规模以上工业增加值增速	24.8%	23.6%	14.2%	27.6%	18.5%	15.7%	14.4%	11.9%
	经济增长指数	124.8	154.3	176.2	224.8	266.4	308.2	352.6	394.5
6 月	规模以上工业增加值增速	27.4%	26.3%	19.5%	23.8%	22.1%	16.3%	12.9%	11.5%
	经济增长指数	127.4	160.9	192.3	238.0	290.7	338.0	381.6	425.5
7 月	规模以上工业增加值增速	24.0%	25.6%	20.8%	20.0%	21.1%	16.8%	10.0%	10.9%
	经济增长指数	124.0	155.7	188.1	225.8	273.4	319.3	351.3	389.6
8 月	规模以上工业增加值增速	26.3%	19.0%	22.3%	23.2%	21.7%	14.3%	13.8%	6.8%
	经济增长指数	126.3	150.3	183.8	226.5	275.6	315.0	358.5	382.9
9 月	规模以上工业增加值增速	22.3%	19.1%	26.5%	21.9%	23.0%	13.9%	12.5%	9.9%
	经济增长指数	122.3	145.7	184.3	224.6	276.3	314.7	354.0	389.1
10 月	规模以上工业增加值增速	24.7%	18.2%	26.4%	20.8%	22.4%	16.9%	14.1%	9.8%
	经济增长指数	124.7	147.4	186.3	225.1	275.5	322.0	367.4	403.4
11 月	规模以上工业增加值增速	24.0%	14.7%	31.0%	21.8%	22.0%	17.4%	14.4%	9.5%
	经济增长指数	124.0	142.2	186.3	226.9	276.9	325.0	371.8	407.2
12 月	规模以上工业增加值增速	29.9%	13.9%	30.3%	25.1%	21.5%	16.4%	13.9	10.7%
	经济增长指数	129.9	148.0	192.8	241.2	293.0	341.1	388.5	430.1

S5、根据2007~2014年间各月的全社会用电量数据、平均气温和经济增长指数，构建以全社会用电量为解释变量的逐年同月计量经济模型：

$$QSH = \alpha_0 + \alpha_1 EGI + \alpha_2 AT \qquad (2\text{-}2\text{-}5)$$

式中，QSH 为月度全社会用电量；EGI 为月度经济增长指数；AT 为月度平均气温；α_0、α_1 和 α_2 为常数，是将2007~2014年间同月的全社会用电量、经济增长指数和平均气温代入上述逐年同月计量经济模型中，采用最小二乘法拟合得到的。如1~2月、3月和4月的模型如下，其中，R^2 表示模型拟合优度，其值越接近1，模型效果越好。

1~2月：$QSH = 64.35118578 + 0.4985136156 EGI - 2.250496067 AT$ （$R^2 = 0.9985$）

3月：$QSH = 46.53924604 + 0.2397514252 EGI - 1.331926396 AT$ （$R^2 = 0.9942$）

4月：$QSH = 29.4754672 + 0.2479660118 EGI - 0.01366890853 AT$ （$R^2 = 0.9966$）

各月模型中平均气温 AT 前面的系数大小表示该月全社会用电量受气温影响的敏感程度，全年各月结果如表2-2-3所示，表2-2-3中的-2.25表示1-2月平均气温较常年每偏高（或偏低）1℃，1~2月全社会用电量将减少（或增加）约2.25亿千瓦时，0.86表示6月平均气温较常年每偏高（或偏低）1℃，6月全社会用电量将增加（或减少）约0.86亿千瓦时，其他月份含义类似。

表2-2-3　各月全社会用电量受气温影响的敏感系数

月份	全社会用电量受气温影响的 敏感系数（亿千瓦时/℃）
1~2月	−2.25
3月	−1.33
4月	0.00
5月	0.00
6月	0.86
7月	5.56
8月	6.36
9月	2.86
10月	0.00
11月	−1.15
12月	−4.05

注：4月、5月和10月气温适宜，对用电需求影响很小，可忽略。

S6、预测 2015 年各月全社会用电量。

2015 年安徽省经济仍处于探底阶段，工业经济增速仍将进一步放缓，各月平均气温按常年考虑（取 2007~2014 年间同月平均气温的平均值），由此得到2015 年各月经济增长指数和平均气温预测值，代入计量经济模型，可预测出2015 年各月全社会用电量，如表 2-2-4 所示：

表 2-2-4　2015 年各月全社会用电量

2015 年	全社会用电量预测值（亿千瓦时）	增速
1~2 月	264.6	7.0%
3 月	133.4	4.0%
4 月	128.8	6.2%
5 月	132.9	3.8%
6 月	137.5	5.5%
7 月	164.6	9.2%
8 月	164.2	14.9%
9 月	135.4	7.4%
10 月	133.6	3.9%
11 月	137.7	4.9%
12 月	158.1	5.2%
全年	1690.9	6.7%

运用上述计量经济模型预测 2014 年各月全社会用电量，并与实际值进行比较，各月模型误差率较低，其平均绝对百分误差仅 1.4%，大幅低于趋势外推和仅考虑经济指标的预测方法，尤其在夏季误差率更是明显降低。

【权利要求】

1. 一种基于气温与经济增长的用电需求预测方法，其特征在于，包括以下步骤：

（1）选取规模以上工业增加值或社会消费品零售额作为最佳经济指标；

（2）获取历史年度样本区间各日的平均气温数据、各个月度或季度的最佳经济指标增速数据和全社会用电量数据；

（3）根据所述历史年度样本区间各日的平均气温数据，计算得到历史年度样本区间各个月度或季度的平均气温；

（4）构建逐年同月或季经济增长指数计算模型，根据所述历史年度样本区间各个月度或季度的最佳经济指标增速数据，计算得到历史年度样本区间各个月度或季度的经济增长指数；

（5）根据所述历史年度样本区间各个月度或季度的全社会用电量数据、平均气温和经济增长指数，构建以全社会用电量为解释变量的逐年同月或季计量经济模型；

（6）将历史年度样本区间同月或季的平均气温取平均值，计算得到目标月度或季度的平均气温预测值；

（7）获取目标月度或季度的最佳经济指标增速数据，计算得到目标月度或季度的经济增长指数预测值；

（8）根据所述以全社会用电量为解释变量的逐年同月或季计量经济模型、目标月度或季度的平均气温预测值和经济增长指数预测值，计算得到目标月度或季度的全社会用电量预测值。

（二）案例分析

权利要求 1 请求保护一种基于气温与经济增长，对用电需求预测方法。该权利要求属于比较典型的基于获取的历史大数据和数学建模方法，来对未来数据进行预测的方法。其中不仅包括了对客观数据的获取步骤，该步骤通常被认可为属于技术手段；也包含了在大数据算法领域常见的数学建模、指标选取和数据预测等步骤。

本申请涉及电力系统经济管理的领域，属于有具体的应用领域的申请。权利要求请求保护一种基于气温与经济增长的用电需求预测方法，该方法通过获取历史某些经济指标、气温以及用电量等数据，再构建相应计算模型，从而计算得到目标月度或季度的全社会用电量预测值。其对用电需求的预测是基于经济、气温与电力的关系，解决如何统筹考虑经济指标和气温对准确预测社会用电需求量的影响的问题，以便获得更为准确的用电量需求的预测数据。该分析方法解决了具体应用领域的特定问题，不属于抽象的数学方法，因此不属于智力活动的规则和方法。

本申请要解决的问题是如何统筹考虑经济指标和气温对准确预测社会用电需求量的影响，以便获得更为准确的用电量需求的预测数据，为解决上述问题，本申请采用的手段为：选取最佳经济指标、获取历史年度最佳经济指标增速数据、历史气温数据和历史社会用电量数据，并通过构建数学模型，从而计算得到目标月度或季度的全社会用电量预测值。

对于本申请，需要考量三个方面的问题：

（1）怎么看待历史数据的客观性与申请可专利性之间的关系；

（2）怎么看待预测模型中指标选取的人为因素的影响和预测结果的不确定性；

（3）预测模型反映的是否为自然规律。

针对以上问题，笔者认为，不能否认历史数据是客观存在的，其获取手段也确实属于技术手段，但该技术手段解决的问题也只是将客观数据采集进入计算机系统，不能仅凭此就确定该方案属于专利法保护的客体。

此外，本申请在用电需求预测建模时，选取了多个指标，其中虽然气温对用电量的影响是客观存在的，但该指标在预测模型中的影响占比却是人为主观确定的。虽然有观点认为，该影响占比并非人为主观确定，而是对历史数据进行算法拟合，通过客观计算得出的。但实际情况是，在选取不同的指标时，算法对某一固定指标，结合历史数据会拟合得出不同的影响因子。也就是说，虽然气温对用电量的影响是客观存在的，但在对电量预测时其影响因子却是会根据人为选定指标的不同而随之变化的。进一步，在用电需求预测建模时，是选取 A、B、C 等指标，或是其他一组指标，都可以建立起一个算法模型，而该算法模型的实质是人为的一种对历史数据产生原因的解释，不同的指标的选取，代表了不同的解释思路和解释方法，而且这种解释思路和解释方法，是基于个人对经济规律的理解。不同的解释思路和解释方法会确定出不同的预测结果，而不同的预测结果与实际可能的用电量之间的误差也是不确定的，这其中并没有反映任何自然规律。

所以从整体来看，该申请的解决方案所采用的手段的集合与其要解决的问题之间并没有符合自然规律的约束关系，反映的仍然是经济规律。

因此，该申请解决的问题不是技术问题，采用的手段也并非是利用自然规律的技术手段，也没有获得符合自然规律的技术效果，所以不构成《专利法》第 2 条第 2 款规定的技术方案。

（三）案例启示

即使申请的方案不属于抽象的算法，而是解决了特定的问题，还要进一步判断该方案要解决的是否是具体应用领域中的特定技术问题、为解决该特定技术问题采用的手段是否利用了自然规律、是否获得符合自然规律的技术效果，只有满足以上三方面要求才可能构成专利法意义上的"技术方案"，满足专利保护客体的要求。如果方案虽然解决了特定的问题，但为解决该特定问题所采用的手段与问题之间并未遵循自然规律，则该方案不构成技术方案，不属于专利保护客体。

■ 案例8：数据处理模型并非一定构成技术手段

（一）案情介绍

【发明名称】

一种基于大数据的人员价值计算方法

【背景技术】

为一件商品定价相对简单，只需要核算商品的生产成本，包括原料费、物流费、人工费、场地费、设备损耗费等，再加上想要获取的利润即可完成商品定价。

对人力资源的定价则相对复杂。在现实社会里，难以用精确的数字对人进行衡量。随着技术的进步，数据的采集变得越来越容易，从而给人力资源、金融学、医学、信息学和统计学等诸多领域带来了海量、高维数据。然而，数据中往往存在大量冗余变量和冗余特征。因此，如何从海量、高维数据中提取重要的变量是面临的基本问题。

在现有技术中，尚没有一个针对人员薪资预估的完整标准和体系，无论企业还是个人都无法对人员价值进行客观的评估，而只能主观判断。在人员招聘过程中，普遍存在应聘者对自我没有准确的认知，当面对企业谈薪资时候无所适从，企业本身也无法通过直观数据对招聘的岗位进行精准定价。因此，需要一种能够对人员价值进行客观精准计算的方法。

【问题及效果】

本申请旨在提供一种人员价值计算方法，用以解决现有技术中无法对人员价值进行客观精准评估的问题。将现有技术中的表格式简历进行技术处理，从繁杂的文字叙述中提炼出真正有价值的简历要素，并以图形化的数据图表展现出来（一个人的各项素质都一目了然，通过标准化的变量计算人力资源的定价）。

【实施方式】

本申请通过一系列简历信息、行为数据及心理学分析数据来预估人员的价值，该方法如图2-2-2所示，包括如下步骤：

步骤一：从大批量简历中提取人员数据；

步骤二：根据打分体系对步骤一所提取的基础信息、教育或工作经历数据进行打分；

步骤三：构造具有组织结构先验的稀疏组结构惩罚函数，将打分后的字段代入函数模型，从基础信息、教育或工作经历、行为数据及心理学分析数据中选择字段；

步骤四：使用步骤二中打分后的字段，以预测薪资为目标，以步骤三选择出的字段作为因变量，修订后的期望薪资作为自变量，使用最小二乘回归方法建立回归模型，计算各字段的系数；

步骤五：从数据库中获取新的人员简历，提取各字段数据，代入打分体系进行打分，根据步骤四得到的系数，计算得到该人员简历所对应的人员价值。

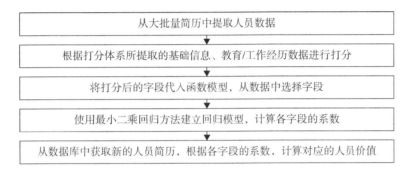

图2-2-2　方法流程

【权利要求】

1. 一种基于大数据的人员价值计算方法，包括以下步骤：

步骤一：从大批量简历中提取人员数据；

步骤二：根据打分体系对步骤一所提取的基础信息、教育或工作经历数据进行打分；

步骤三：构造具有组织结构先验的稀疏组结构惩罚函数，将打分后的字段代入函数模型，从基础信息、教育或工作经历、行为数据及心理学分析数据中选择字段；

步骤四：使用步骤二中打分后的字段，以预测薪资为目标，以步骤三选择出的字段作为自变量，修订后的期望薪资作为因变量，使用最小二乘回归方法建立回归模型，计算各字段的系数；

步骤五：从数据库中获取新的人员简历，提取各字段数据，代入打分体系进行打分，根据步骤四得到的系数，计算得到该人员简历所对应的人员价值。

（二）案例分析

本申请请求保护一种基于大数据的人员价值计算方法，根据从大批量简历中提取的人员数据，按照打分体系、惩罚函数、预测薪资等要素分析得出人员的价值。该方案要解决的问题是如何评价人员的价值，为了解决该问题所采用的手段包括对基础数据进行打分、选择参数建立评价模型以及根据模型计算评价对象的价值。

该方案要解决的评价人员价值的问题并非技术问题，所采用的手段依赖于人们的社会生活经验因素，其中选择的参数都是根据人力资源价值评估经验和规律人为选择和设定的，然而影响待评价对象评价值的因素是多方面的，人为选择的各考量因素与期望评价的对象之间的关系并非符合自然规律，所采用的评价手段并非是遵循自然规律的技术手段，所获得的效果也仅仅是为人力资源决策提供参考依据，这并非技术效果。因此，该解决方案不构成技术方案，不符合《专利法》第2条第2款的规定。

（三）案例启示

即使权利要求的方案中包括大数据处理以及数学建模的相关手段，但是数学模型并不必然构成技术手段。如果该方案没有解决技术问题，为解决问题所采用的手段的集合不符合自然规律，所获得的效果也是非技术效果，则该方案不符合《专利法》第2条第2款的规定。

■ 案例 9：大数据应用能否构成技术方案

（一）案情介绍

【发明名称】
基于大数据与市价匹配的农业科技成果估价方法及系统
【背景技术】
现有技术提供了一种农业科技成果产权交易平台，能发挥大数据种业科技成果信息云平台功能；现有技术还利用自动搜索技术、信息系统定制技术、自动文摘技术构建了科技成果转化动态信息检索平台，实现了动态信息与检索需求匹配。此外，现有技术还应用大数据、物联网等技术集成农业产业信息公共服务平台，以及将数据挖掘技术、搜索技术用于核心专利等技术的价值评估。

农业科技成果的转化中，供需双方在农业科技成果交易价格上的分歧是农业科技成果转化过程中的一大难题。现有技术中很少对农业科技成果的价格进行评估，绝大部分研究均是对农业科技成果的水平进行评价。

【问题及效果】

如何对农业科技成果进行价格的评估，以能够有效地为农业科技成果的交易提供价格参考成为目前需要解决的问题。

提供一种基于大数据与市价匹配的农业科技成果估价方法及系统，通过以大数据为数据支持结合改进的市场价格匹配法对农业科技成果进行价格的评估，能够有效地为农业科技成果的交易提供价格参考。

【实施方式】

本申请提供了一种基于大数据与市价匹配的农业科技成果估价方法及系统。

图 2-2-3 是基于大数据与市价匹配的农业科技成果估价方法的流程示意图。如图 2-2-3 所示，所述农业科技成果估价方法包括：

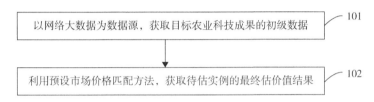

图 2-2-3　基于大数据与市场匹配的农业科技成果估价方法流程

101、以网络大数据为数据源，获取目标农业科技成果的初级数据。在具体应用中，步骤 101 可以包括：以网络大数据为数据源，按照目标限制属性条件进行匹配搜索，获取目标农业科技成果的初级数据；其中，所述目标限制属性条件包括，应用领域、应用对象和关键技术点。

102、利用预设市场价格匹配方法，获取待估实例的最终估价结果。在具体应用中，步骤 102 可以包括：（102a）按照预设可比实例选择条件，在所述初级数据中选择多个可比实例。其中，所述预设可比实例选择条件，可包括：处于同一市场供求圈，用途相同，类型相同，交易时间不超过一年的交易实例等。（102b）获取待估实例与所述多个可比实例的贴近度，并对获取的贴近度按照由大到小的顺序进行排序，获得排序结果。（102c）获取对待估实例和所有可比实例每一特征因素的打分值和每一特征因素对应的权重，并根据所述打分值和权重，获取每一特征因素的修正系数。其中，每一特征因素对应的权重反映每一特征因素对可比实例的影响程度。（102d）根据所述排序结果对获取的修正系数进行合理性校核。（102e）根据校核后的每一特征因素的修正系数，对待估实例的交易价格进行修正。（102f）根据修正后的多个价格和修正后每个价格对应的权重，获取待估实例的最终估价结果。

【权利要求】

1. 一种基于大数据与市价匹配的农业科技成果估价方法，其特征在于，包括：

以网络大数据为数据源，获取目标农业科技成果的初级数据；

利用预设市场价格匹配方法，获取待估实例的最终估价结果。

2. 根据权利要求 1 所述的方法，其特征在于，所述利用预设市场价格匹配方法，获取待估实例的最终估价结果，包括：

按照预设可比实例选择条件，在所述初级数据中选择多个可比实例；

获取待估实例与所述多个可比实例的贴近度，并对获取的贴近度按照由大到小的顺序进行排序，获得排序结果；

获取对待估实例和所有可比实例每一特征因素的打分值和每一特征因素对应的权重，并根据所述打分值和权重，获取每一特征因素的修正系数；

根据所述排序结果对获取的修正系数进行合理性校核；

根据校核后的每一特征因素的修正系数，对待估实例的交易价格进行修正；

根据修正后的多个价格和修正后每个价格对应的权重，获取待估实例的最终估价结果。

（二）案例分析

该方案请求保护一种基于大数据与市价匹配的农业科技成果估价方法，其要解决的问题是如何对农业科技成果进行价格的评估以能够有效地为农业科技成果的交易提供价格参考，属于社会经济问题，不属于技术问题。为了解决上述问题，该方案利用大数据技术对农业科技成果进行估价的过程中，目标限制属性条件、可比实例选择条件、特征因素及其权重的设置和选择都依赖于人们的社会生活和经济发展等多方面的社会因素，基于此得到的估价结果受社会生活和经济因素的影响，而不受自然规律的约束，不构成技术手段。由此方案带来的效果是能够为农业科技成果的交易提供价格参考，这属于经济效果，不是技术效果。因此，该方案不属于《专利法》第 2 条第 2 款规定的技术方案，不属于专利保护的客体。

（三）案例启示

对于涉及大数据处理的方案，当其不属于抽象算法而是结合了应用领域、解决了特定问题时，还要进一步判断该方案是否是针对具体技术领域的特定技术问题、是否采用了符合自然规律的技术手段、是否获得了相应的技术效果，才能得出是否构成技术方案的结论。如果为了解决上述特定问题，采用的手段依赖于人类社会生活经验、经济规律而不受自然规律的约束，那么该手段与其要解决问题之间的关联不受自然规律的约束，不是技术性的，也无法获得相应的技术效果，从而该方案在整体上不构成技术方案。

第三节　电子商务领域典型案例及解析

■ 案例10：数学建模方法并不必然构成技术手段

（一）案情介绍

【发明名称】

一种城市空间格局合理性诊断的技术方法

【背景技术】

城市发展格局是指基于国家资源环境格局、经济社会发展格局和生态安全格局而在国土空间上形成的城市空间配置形态及特定秩序，包括城市规模结构格局、城市空间结构格局和城市职能结构格局。

伴随城市化进程，城市空间格局是一个动态变化与不断发展的客观现象，相应的，优化的城市空间格局是在一定历史背景、经济社会基础和发展阶段下的产物。城市发展格局优化的前提和基础是要对城市发展格局的历史和现状进行科学的诊断，而科学地诊断就必然需要一定的技术方法，诊断技术方法成为进行城市发展格局优化的关键所在。

【问题及效果】

目前在国家和区域层面，综合考虑城市规模结构、空间结构和职能结构进行城市发展格局合理性评价的技术方法缺失。作为中国新型城镇化战略优化国土空间开发格局的重点内容，全面优化城市发展格局迫在眉睫。城市发展格局合理性评价方法的缺失制约了城市发展格局的进一步研究，不利于国土空间开发格局的开展进程。因此构建一套能全面、综合的对城市空间格局优化进行诊断的技术方法体系具有重要的理论意义和现实意义。

本申请通过将城市规模结构格局合理性 USR 诊断模型、城市空间结构格局合理性 UKR 诊断模型、城市职能结构格局合理性 UFR 诊断模型集成为城市发展格局合理性综合诊断 HL 模型，从而诊断中国城市发展格局合理性程度。以此为基础，可以更好地揭示城市发展格局的合理化程度以及城市体系在规模结构、空间结构和职能结构等方面存在的不足，从规模结构、空间结构和职能结构等方面对中国城市体系发展格局进行全面、系统的优化，进而可为中国新型城镇化规划与管理提供科学的决策依据。

【实施方式】

本申请的总体思路是：首先从城市规模结构格局、城市职能结构格局、城市空间结构格局三个方面建立合理性诊断指标体系；分别构建基于 Zipf 指数的城市规模结构格局合理性 USR 诊断模型、基于核密度指数的城市空间结构格局合理性 UKR 诊断模型、基于 Shannon–Wiener 指数的城市职能结构格局合理性 UFR 诊断模型，分别诊断城市发展格局的城市规模格局合理性程度、城市空间格局合理性程度和城市职能格局合理性程度；借助熵技术支持下的层次分析法，融合以上三个诊断子模型集成为城市发展格局合理性综合诊断 HL 模型，实现对中国城市发展格局合理性进行全面、科学、定量计算与定性分析综合集成的诊断。

【权利要求】

1. 一种城市空间格局合理性诊断的技术方法，其特征在于主要包括以下步骤：

（1）构建城市空间格局合理性诊断的指标体系，构建包括总目标层、子目标层、因素层和因子层的指标体系；

（2）因子层的数据标准化处理及运用层次分析法和熵权法确定子目标层、因素层和因子层的指标权重；

（3）构建城市发展格局合理性 HL 综合诊断模型，包括规模格局 USR 诊断模型、空间格局 UKR 诊断模型和职能格局 UFR 诊断模型；

（4）采用模糊隶属度函数法和线性加权求和法计算各子模型的合理性指数；

（5）根据 HL 综合指数的大小将城市划分为高合理城市、较高合理城市、中等合理城市、低合理城市和不合理城市。

（二）案例分析

权利要求 1 的方案中试图保护一种城市空间格局合理性诊断的技术方法。从该权利要求的方法步骤的表述来看，首先通过构建城市空间格局合理性诊断的指标体系，然后对因子层的数据标准化处理，确定各层的指标权重，接着构建综合诊断模型，计算各子模型的合理性指数，最后根据综合指数将城市进行划分。

权利要求 1 的方案虽然主题名称落在了"技术方法"上，但是，其所要判断的"城市空间格局是否合理"体现的是空间格局的一种人为规定标准，本身并不依赖于自然规律，不属于技术问题。该方案依赖于人们社会生活习惯和经济发展状况等多方面社会因素，借助于人为设置的各种考量参数，采用了申请人提出的数学建模方法来进行计算，但数学建模方法本身的使用并不必然构成技术手段，只有在其应用于具体技术领域解决技术问题时才能构成技术手段。该方案中所解决的判断城市空间格局是否合理的问题并非是技术问题，数学建模方法本身的使用与其要解决的问题之间的关联不受自然规律的约束，不构成技术手段。该方案产生的效果仅在于判断一个城市空间格局是否合理，所获得的不是符合自然规律的技术效果。因此，该权利要求请求保护的方案不构成《专利法》第 2 条第 2 款规定的技术方案，不属于专利保护客体。

（三）案例启示

对于利用数学模型进行项目评估或预测的案例，并非只要利用了数学建模方法就可以认可其采用了技术手段，而是要看方案本身所要解决的问题是什么，数学建模方法本身的使用与其要解决的问题之间的关联是否受自然规律的约束。如果数学建模方法并非应用于具体技术领域以寻求解决技术问题，采用的手段与解决的问题之间的关联也不受自然规律的约束，那么该手段并不是技术性的，也无法获得相应的技术效果，从而该方案在整体上也不构成技术方案。

■ 案例 11：智能制造领域技术手段的体现

（一）案情介绍

【发明名称】
一种用于在制造环境中根据个性化的订单生产产品的方法
【背景技术】
最新生产实体尽管联系紧密但分布在全球。这种联系主要由大大减少的时间以及库存缓冲引起，作为精益管理哲学的结果，库存缓冲位于同一生产实体内的以及这些生产实体之间的处理的接口处。不断增长的个性化需求迫使企业扩展其产品组合。汽车供应商（OEM）的供应链中的不稳定通常由于缺失和/或缺陷组件或部件导致的产量下降。缺失部件通常造成供应商的合同违约以及OEM 向最初订购产品的客户交付的延迟。为了修正缺陷产品，一旦供应商提供了正确的组件，OEM 不得不以额外的花销返工。为了积极防止由缺失和/或缺陷部件引起的产量下降，当供应链被严重干扰时，制造商需要运用紧急策略。

【问题及效果】

对于产品的多个组件，需要不同的供应商来生产完成，且每个组件的生产时间是不同的。组件被延迟交付或者生产出的组件存在缺陷，会因返工导致成本增加，或因交付延迟导致生产停滞。一旦合同违约，还会面临高额违约金。因此，本申请的目的在于提供一种用于改进客户订单的重新排序的系统和方法。上述系统和方法承担缺失的使用准时化顺序供应（JIS）部件的缺陷，上述缺失的 JIS 部件是根据计划的生产顺序不可及时交付或者已及时交付但有缺陷的部件。

【实施方式】

图 2-3-1 是用于这种生产重新排序的典型示例的流程图。在此，该示例是汽车，汽车通常是高度客户个性化的并且在生产期间需要大量由外部供应商供应的组件。

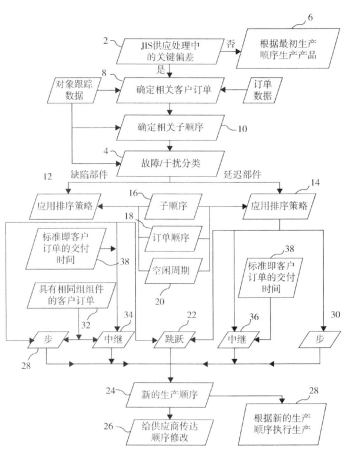

图 2-3-1　在制造环境中根据个性化的订单生产产品的方法流程

为了解决所述问题，本申请提出了一种通常执行三个主要步骤的方法和系统，参考附图将更详细地说明上述三个主要步骤，其中，流程图从监控 JIS 供应处理的关键偏差的流程步骤 2 开始。

首先，通过引入不同的可交换子顺序的构思，冻结时间区域被划分为多个不同时间长度的子顺序，其中，时间长度适于重新计划处理中的时间变量。优选地，存在两个不同的子顺序类型。第一个部分完全可交换子顺序（TPS）包括个性化组件的生产尚未开始的客户生产订单。第二个部分可交换子顺序（PPS）包括至少一个个性化组件已经在生产的客户生产订单。

其次，通过使用基于知识的模型，在步骤 4 中，将干扰的结果分类为由延迟供应引起的或由缺陷部件引起的。因此，关于组件供应的干扰被分为构成重新排序基础的两类失败的活动。当然，如果在流程步骤 2 中未确定任何干扰，则在流程步骤 6 中根据最初计划的生产顺序执行生产处理。在识别了干扰的情况下，在流程步骤 8 和 10 中根据相关客户订单（流程步骤 8）和相关子顺序（流程步骤 10）来识别干扰的影响。

最后，在确定扭曲（distortion）的类型（延迟组件或缺陷组件）后，结合子顺序的类型（TPS 或 PPS）和供应的状态（延迟组件或缺陷组件）产生了三种对客户生产订单进行重新排序的可能的算法。在下文中说明具体的步骤。

交付时间变化导致与 OEM 的订单顺序同步运行的 JIS 组件的子顺序的不同的时间长度。在子顺序内，可能产生基于随机影响的真实和计划处理演变之间的扭曲，导致危害在期限内供应所考虑的组件。

为了相关客户生产订单的重新排序，必须反映 JIS 组件的状态。在这方面，第二步总是可以根据与后续处理有关的时间方面推断 JIS 组件的状态的结论，即受干扰的 JIS 组件到达的太晚或者必须处理缺陷部件。因为交付的部件的数量太少或者还没有按部件的所需质量交付，后者在供应商处触发了完整生产处理的重新开始。在这两种情况下，不能维持生产顺序的位置并且需要重新排序。

于是，产生了在何处重新安排暂停的生产订单以及哪些可能是针对后续生产订单的可能后果的问题。鉴于这些情况，出现了用于重新排序算法的三种选择，这三种选择部分地取决于识别的干扰类型，针对缺陷组件由流程步骤 12 表示，而针对延迟组件由流程步骤 14 表示延迟组件或部件，或者缺陷组件或部件。流程步骤 12 和 14 包括作为输入数据的子顺序的当前顺序（框 16）、订单顺序（框 18）和空闲周期（框 20）。

跳跃策略（流程步骤 22）：

应用跳跃策略，认为延迟部件和缺陷部件对排序具有相同的影响。为此，来自流程步骤 12 和 14 的两个箭头在跳跃策略流程步骤 22 的相同框结束。相关生产订单在生产顺序中被转移到各个供应商的部分可交换子顺序的末尾（跳跃）。在缺陷的情况下，重新开始所需的组件的生产。在延迟的情况下，受到影响的组件被暂时存储并且根据新的时间表交付。任何另外的已经计划的生产订单在生产顺序中增加一个位置。在最长的部分可交换子顺序内的最后的计划生产订单在随后被转移到其中生产顺序中的所有位置都是完全灵活的并且还未固定的完全可交换子顺序。由此，可以容易地建立针对这些生产订单的重新排序。因此，跳跃策略仅导致少量的重新排序，但也导致相对差的交付可靠性。跳跃策略的应用导致具有两个后续行为的新的生产顺序（流程步骤 24）。即先在流程步骤 26 中将新的生产顺序传达给相关供应商，然后再根据新的生产顺序执行生产处理。

步策略（流程步骤 28 用于缺陷组件类，而流程步骤 30 用于延迟组件类）：

在出现缺陷部件的情况下，根据步策略将生产订单从生产顺序中的当前位置移除并且在表示需要相同组组件的生产订单的下一个位置被重新安排。通过流程步骤 32，在具有与移除的生产订单相同组组件的客户订单上的投入被交付。这种重新布置使供应商能够将组件从后面的生产事件转移到重新安排的生产事件。随后，针对现在具有由将组件转移到先前重新安排的生产订单引起的组件空闲的生产订单来重复这个处理。换言之，假设具有具备同一组组件的生产订单 n，$n+1$，$n+2$，$\cdots$，$n+m$，移除的订单 n 占据了安排好的生产订单 $n+1$ 的后面位置并且使用了其组件 $c+1$，其中，后面的生产订单 $n+1$ 取代生产订单 $n+2$ 的后面的位置并且使用其组件 $c+2$。现在，后面的生产订单 $n+2$ 取代生产订单 $n+3$ 的后面的位置并且使用其组件 $c+3$，以此类推。重复这个处理直到到达各自的部分可交换子顺序的末尾。与跳跃策略类似，客户生产订单的所有顺序位置被增加一个位置。在延迟组件的情况下，生产订单被转移到具有至少由预期的（或确认的）交付延迟期间的时间长度安排的时间差的下一个可能的顺序位置。自该顺序位置起的最长 PPS 的所有排列好的订单也被增加，直到最后的后续生产订单移动到 TPS 中。

应用这种策略将导致更高的紧张度（许多顺序变化），但也有利地匹配了更高的交付可靠性。

中继策略（流程步骤 34 用于缺陷组件类，而流程步骤 36 用于延迟组件类）：

在缺陷组件干扰的情况下，中继策略将应用与步策略十分类似的处理方法。区别在于生产订单未被转移到具有同一组组件的下一个生产订单而是基于由流程步骤 38 传送的预定标准被转移到更远的将来，导致生产顺序的更大跳跃。例如，可能的标准是生产特定情况或建议的交付日期。这个交付日期越晚，生产订单则可以在生产顺序中移动得更多。当最终发现新的位置时，具有相同组组件的后续生产订单的组件就会被转移到先前被移动的生产订单，这个处理或多或少与步策略的应用类似。

随后，被移除的生产订单 $n+1$（其已将其组件丢给了先前的生产订单 n）在生产顺序的后面被引入，从而应用相同的中继策略方法（有可能再次产生更大的跳跃）。

在延迟组件的情况下，根据预定标准（来自流程步骤 38）进行沿部分可交换子顺序的跳跃而不是修改具有同一组组件的所有排序好的生产订单。在生产顺序中修改的数量和对客户的交付可靠性之间可以实现更好的取舍。

【权利要求】

1. 一种用于在制造环境中根据个性化的订单生产产品的方法，所述产品包括许多必须由至少一个供应商供应的特定组件，所述方法包括如下步骤：

a）针对所述产品确定生产顺序，从而针对所述客户特定组件的供应定义所述生产顺序中的重要事件；

b）针对所述至少一个供应商确定交付时间，从而定义所述至少一个供应商生产所述客户特定组件所需的时间段；

c）针对所述生产顺序定义冻结期，所述冻结期与所述至少一个供应商具有的最长交付时间匹配；

d）将所述冻结期划分为与所述至少一个供应商的组件的交付时间的变化匹配的许多子顺序；

e）将所述子顺序区分为完全可交换子顺序或部分可交换子顺序，以下，将所述完全可交换子顺序称为 TPS，将所述部分可交换子顺序称为 PPS；

f）鉴于所述重要事件监控所述客户特定组件的供应处理并且确定所述供应处理中是否发生关键偏差；

g）在未发生所述关键偏差的情况下，根据安排好的生产顺序生产所述产品；

h）在发生所述关键偏差的情况下，执行如下步骤以对最初的生产顺序进行重新排序；

i）确定哪些客户订单是相关的以及哪些子顺序是相关的；

j）将所述关键偏差分类为由所述组件的延迟供应引起的或由缺陷组件的供应引起的；

k）针对两类关键偏差，应用跳跃策略以将相关客户订单转移到所述 PPS

的最后位置；或者

l）在延迟组件的情况下，应用步策略以将所述客户订单转移到适应预期的或确认的交付延迟的PPS的位置，或者应用中继策略用于将相关的客户产品订单重新排序到基于对顾客的订单交付时间所确定的所述PPS的位置；以及

......

m）在缺陷组件的情况下，应用步策略以将所述客户订单转移到在最初生产顺序中具有相同组组件的下一个位置从而从后面的生产订单获得所述组件，或者应用所述中继策略用于将相关的客户产品订单重新排序到基于对所述顾客的订单交付时间所确定的且其中后面的客户生产订单中的一个具有所述相同组组件的所述PPS的位置。

（二）案例分析

权利要求1试图要求保护一种用于在制造环境中根据个性化的订单生产产品的方法，所述方法主要包括三个部分，第一部分是步骤a）至步骤e），确定产品的生产顺序、交付时间、冻结期，引入不同的可交换子顺序的构思，即完全可交换子顺序TPS和部分可交换子顺序PPS；第二部分是步骤f）至步骤h），确定所述供应处理中是否发生关键偏差，如果没有发生关键偏差，则按最初计划的生产顺序执行生产处理，如果存在关键偏差，即组件供应中存在由延迟供应或缺陷部件引起的干扰，则需要对客户订单最初的排序进行重新排序；第三部分是步骤i）至步骤m），则是在确定存在关键偏差后如何进行重新排序的具体过程，其中先要确定相关的客户订单以及子顺序，然后将关键偏差区分为由组件的延迟供应引起的还是由缺陷组件引起的，进而结合子顺序的类型（TPS或PPS）和供应的状态（延迟组件或缺陷组件），运用三种不同的算法，即跳跃策略、步策略和中继策略对客户生产订单进行重新排序。

通过分析可知，整个权利要求中前两部分［即步骤a）至步骤h）］是第三部分的基础，引入不同的可交换子顺序，后续当出现由延迟组件或缺陷组件引起的干扰时，才能针对相关的可交换子顺序进行顺序调整；而在确定存在关键偏差之后，才能进一步区分到底是由组件的延迟供应引起的还是由缺陷组件引起的，进而运用不同的算法对生产订单进行重新排序。

通过说明书可知，本申请实际上请求保护一种生产线调度方法，该方案根据产品中各个组件的到货情况以及各组件在生产过程之间的相互依存关系来确定生产顺序，从而提高生产线的利用效率，进而达到提高生产率的目的。该申

请的方案从整体上看，涉及一种制造环境下的生产过程控制方案，要解决的问题是当各供应商供应的组件的交付时间确定后，如何根据不同组件交付期的长短以及生产过程中可能出现的延迟供应或组件缺陷来自动调整生产顺序，以提高生产效率。为解决避免生产环境下内部协调耗费的工作量的问题而采用分析偏差调整订单顺序的手段反映的是遵循自然规律的技术手段。同时该方案解决了避免生产环境下内部协调耗费的工作量的问题，属于技术问题，并获得了提高生产线利用效率的技术效果，因此，属于《专利法》第 2 条第 2 款规定的技术方案。

另有观点认为，本申请的方法仅仅涉及人为制定的生产规则，属于单纯的商业方法，不属于专利保护的客体。上述观点在把握发明实质上过于看重权利要求的文字表象，认为权利要求中的特征体现不出利用了自动化的手段实现，完全可以理解为仅仅是依赖人作为方案实施的主体。

但是实际上，从权利要求的主题名称中就可以看出，本申请是用于在制造环境中生产产品的方法，在生产制造领域批量处理的环境下几乎不存在仅仅依靠原始的人工实现生产协调的方式。此外，在确定存在关键偏差后进行重新排序的具体过程中要结合子顺序的类型（TPS 或 PPS）和供应的状态（延迟组件或缺陷组件），运用三种不同的算法，即跳跃策略、步策略和中继策略对客户生产订单进行重新排序。这种重新排序的过程如果脱离机器，将很难解决提高生产线利用效率的问题，而本申请的发明目的就是为了解决避免生产环境下内部协调耗费的工作量的问题，因此，从这个角度考虑，本申请的方案也不宜理解为单纯的人为实现的生产规则，因此，本方案的实施并不受人的主观因素的影响。

（三）案例启示

涉及生产调度的方案，在客体判断时需要考虑这种调度是依赖人的思维还是体现了自然规律的利用。如果这种调度的方案取决于一些生产环节中的客观数据或因素，比如本申请中的延迟供应或组件缺陷等，导致调度方式或调度顺序的调整或改变，从而使得整个生产效率得到提高，则这种调度方案体现了自然规律的利用。如果这种调度方案完全取决于人的思维，受人的主观因素的支配而产生出不同的调度结果，则这种方案没有利用自然规律，不构成技术方案。

■ 案例12：统计学规律的利用并不必然构成技术手段

（一）案情介绍

【发明名称】

基于网络支付可得性计算的在线支付推广方法及系统

【背景技术】

在线支付是指卖方与买方通过因特网上的电子商务网站进行交易时，银行为其提供网上资金结算服务的一种业务。它为企业和个人提供了一个安全、快捷、方便的电子商务应用环境和网上资金结算工具。在线支付不仅帮助企业实现了销售款项的快速归集，缩短收款周期，同时也为个人网上银行客户提供了网上消费支付结算方式，使客户真正做到足不出户进行网上购物。

【问题及效果】

随着电子商务的发展，在线支付也越来越重要，越来越多的在线支付方式开始出现，如网银支付、支付宝支付、微信支付等。然而，现有的在线支付多是通过宣传、优惠等方式进行推广，这些推广方法都是静态的推广方法，不能动态调整在线支付推广的策略。鉴于此，如何实现一种能够全面、客观评价支付网络，并基于支付网络调整在线支付推广策略的技术方案是本领域技术人员亟待解决的问题。

本申请是基于网络支付可得性进行在线支付推广的方法和系统，提出一种网络支付可得性的评价计算方法，能够定量评价网络支付的可得性，且计算量小，计算效率高，能够全面、客观地评价一个地区的网络支付基础设施建设或应用水平。此外，本申请基于计算的网络支付可得性指导在线支付推广，能够更好地指导在线支付推广策略，具有数据来源可行、编制过程简单、评价结果客观的特点，可以合理地调整在线支付推广策略。

【实施方式】

在一个实施例中，所述基于网络支付可得性计算的在线支付推广方法包括以下步骤：

S1：获取某一地区某一时期的常住人口数量；所述某一地区为任何需要进行在线支付推广的地区，所述某一时期为距离当前时间的一段时期内，如6个月。

S2：获取某一地区某一时期的网络支付人数；优选地，可以通过数据抓取软件获取某一地区某一时期的网络支付人数。此外，还可以通过抽样调查的方式获取网络支付人数。

S3：获取某一地区某一时期网络支付总额；可选地，可以从支付机构获取每笔交易的网络支付金额数据，进一步通过各支付金额求和计算得到某一地区某一时期网络支付总额。

S4：基于所述步骤 S1~S3 所获取的某一地区某一时期所对应的常住人口数量、网络支付人数、网络支付总额，计算支付可得性指数；支付可得性可以全面、客观地评价一个地区的网络支付基础设施建设或应用水平，可通过定量计算支付可得性调整在线支付推广策略，更好地推广在线支付。

【权利要求】

1. 一种基于网络支付可得性计算的在线支付推广方法，其特征在于，所述方法包括如下步骤：

S1、获取某一地区某一时期的常住人口数量；

S2、获取某一地区某一时期的网络支付人数；

S3、获取某一地区某一时期网络支付总额；

S4、基于所述步骤 S1~S3 所获取的某一地区某一时期所对应的常住人口数量、网络支付人数、网络支付总额，计算支付可得性指数；

S5、根据支付可得性状态及当次支付情况，动态调整在线支付推广策略；

所述步骤 S5 中动态调整在线支付推广策略步骤具体为：

$S5_1$、获得所述支付可得性指数的差值对比因子 a：

$$a = D_p/D_h \qquad (2\text{-}3\text{-}1)$$

式中，D_p 为所述支付可得性指数的实时差值；D_h 为所述支付可得性指数的近期加权平均差值。

所述 D_p 通过如下方式计算：

$$D_p = NPAI_{cur} - NPAI_{pre} \qquad (2\text{-}3\text{-}2)$$

所述 D_h 通过如下方式计算：

$$D_h = \frac{1}{6}\left(NPAI_{pre3} - NPAI_{pre4}\right) + \frac{1}{3}\left(NPAI_{pre2} - NPAI_{pre3}\right) + \frac{1}{2}\left(NPAI_{pre} - NPAI_{pre1}\right)$$

$$\qquad (2\text{-}3\text{-}3)$$

式中，$NPAI_{cur}$、$NPAI_{pre1}$、$NPAI_{pre2}$、$NPAI_{pre3}$、$NPAI_{pre4}$ 分别为当期支付可得

性指数、上一期支付可得性指数、两期前支付可得性指数、三期前支付可得性指数、四期前支付可得性指数；

S5$_2$、基于所述支付可得性指数的差值对比因子 a 计算当期返现系数 β：

$$\beta = \log\left(1+\frac{1}{\alpha}\right) \tag{2-3-4}$$

S5$_3$、计算当次支付额度奖励因子：

$$\gamma = \begin{cases} \delta\left(1.1+\log\dfrac{PAN}{NPAA/NPPR}\right) & PAN > 0.1NPAA/NPPR \\ 0.1\delta & PAN \leq 0.1NPAA/NPPR \end{cases} \tag{2-3-5}$$

式中，$NPAA/NPPR$ 为网络支付每笔平均额度；δ 为调节因子；PAN 为某人当次支付额度；所述当次支付额度越多，补贴越多，以促进网络支付的推广。

S5$_4$、基于所述当期返现系数、支付额度奖励因子、当次支付额度生成最终的支付推广补贴额度 SAN：

$$SAN = \beta \cdot PAN \cdot \gamma \tag{2-3-6}$$

所述步骤 S4 中支付可得性计算方法具体包括：

S4$_1$、计算网络支付普及率 $NPPR$：$NPPR$＝网络支付人数/常住人口；

S4$_2$、计算平均网络支付额 $NPAA$：$NPAA$＝某一时期网络支付总额/常住人口；

S4$_3$、基于所述网络支付普及率及平均网络支付额，支付可得性指数 NPAI：

$$NPAI = \frac{NPPR_{cur} \cdot NPAA_{cur}}{NPPR_{bas} \cdot NPAA_{bas}} \tag{2-3-7}$$

式中，$NPPR_{cur}$ 和 $NPAA_{cur}$ 分别为当期网络支付普及率及当期平均网络支付额，$NPPR_{bas}$ 和 $NPAA_{bas}$ 分别为基期网络支付普及率及基期平均网络支付额。

（二）案例分析

该申请请求保护一种基于网络支付可得性计算的在线支付推广方法，该方法采集某一时期某一地区内的常住人口数量、进行网络支付的人数和网络支付的总金额等金融方面的大数据，通过对所采集的数据计算，获得表示当前支付所处时期与历史基准时期的支付状况的比值的支付可得性指数，进而根据该支付可得性指数计算当期返现系数和当次支付额度奖励因子，从而得出此次支付推广的补贴金额。

本申请采集并处理的某时空期间的人口数量、网络支付人数、支付总和等数据，涉及大数据的处理，但使用大数据处理本身并不必然构成技术手段，需整体地看解决的问题和为解决该问题而相应采用的手段是否是技术性的。

对于本申请，从整体来看，该方案要解决的是现有的在线支付推广方法不能动态调整在线支付推广策略的问题，为解决这一问题，所采用的手段是采集常住人口数量、进行网络支付的人数和网络支付的总金额，将上述采集的数据通过一定的计算公式计算出支付可得性指数，并结合当次的支付情况获得当次的支付推广补贴额度。从上述为解决该问题所采用的手段可知，其虽然采集并处理了大量数据，但采集数据的类型是主观选择的、处理数据时计算公式的选择体现的也是主观设定的支付推广计算规则，对人口大数据、金融大数据等的统计分析和计算与获得的支付推广策略之间的关系并不符合自然规律，其所采用的手段并非是遵循自然规律的技术手段，所采用的手段与其所要解决的问题之间不符合自然规律的约束，获得的效果也仅仅是能够动态调整在线支付推广的补贴额度的效果，并非技术效果。因此，该权利要求请求保护的方案不构成《专利法》第2条第2款规定的技术方案，不属于专利保护客体。

（三）案例启示

本申请的方案涉及大数据的处理，但大数据处理本身或历史数据统计分析本身的使用并不必然构成技术手段，需整体地看解决的问题和为解决该问题而相应采用的手段是否是技术性的。若所采用的手段并非是遵循自然规律的技术手段，所采用的手段与要解决的问题之间不受自然规律的约束，且获得的也并非技术效果，则该方案不构成技术方案。

■ 案例13：评估预测未利用符合自然规律的技术手段

（一）案情介绍

【发明名称】
一种交通安全隐性因子的信用评分方法
【背景技术】
随着个人消费信贷的发展，个人信用评分技术被高度重视，个人信用评分被广泛地应用在消费信贷领域。费埃哲（FICO）信用评级法关注客户的信用偿还历史、信用账号数、使用信用的年限、正在使用的信用类型、新开立的信用账户，由此来计算信用评分，FICO评分在行业内得到了广泛应用。

交通安全是困扰城市的主要问题之一。目前中国的道路交通安全形势严峻，每年道路交通安全事故伤亡人数超过20万人。信用评分定量评估个人信用风险，反映个人客户的信用状况，为商业银行的信贷提供可靠的依据，由此来限制个人客户的商业违约行为。

【问题及效果】

本申请提供了一种交通安全隐性因子的信用评分方法，用于为车辆保险企业提供决策依据，更重要的是，其可用于建立整个社会的交通安全信用体系。

该信用评分方法综合考虑了影响交通安全信用的隐性因子，客观地反映出驾驶员的交通安全信用，并且需要采集的驾驶员信息都可以很方便地收集到，保证了实施的可行性。此外，交通安全隐性因子的信用评分中的隐性因子集合支持动态扩展，随着时间的推移，隐性因子不断地完善和更新，可以更加全面地反映出驾驶员的交通安全信用，从而为汽车保险公司提供可靠的交通安全信用评分和决策依据。

【实施方式】

该交通安全隐性因子的信用评分方法包括以下步骤：

步骤1：采集交通安全隐性因子所对应的数据源，搭建由交通安全隐性因子所组成的数据库，作为交通安全隐性因子的信用评分的输入数据；

具体而言，影响交通安全信用的隐性因素，包括以下三个方面：

（1）人为方面因素（年龄、性别、驾驶年龄、受教育程度、个人年收入、籍贯）；

（2）车辆方面因素（车辆类型、车辆使用年龄、车辆价格、车辆生产产地）；

（3）道路方面因素（车辆行驶总里程、车辆在不同类型城市道路（快速路、主干道、次干路、支路）的行驶总里程）；

隐性因子数据库包含如下属性：驾驶员车牌号（主键）、年龄、性别、驾驶年龄、受教育程度、个人年收入、籍贯、车辆类型、车辆使用年龄、车辆所属品牌。其中，受教育程度包含小学、初中、高中、本科、硕士研究生和博士研究生；籍贯包含23个省、5个自治区、4个直辖市以及香港、澳门2个特别行政区；车辆类型包含《机动车行驶证》上的所有车辆类型，如摩托车、轿车、客车等；车辆生产产地包含中国、日本、美国、德国等。

步骤 2：根据 IV 的值对影响交通安全的隐性因子进行选取，然后基于 WOE（证据权重，是对原始自变量的一种编码形式）编码，对选取的隐性因子进行单因子信用评分；

影响交通安全的隐性因子的选取包括如下步骤：

①隐性因子值的区间划分。

首先，假设 Y_i 表示第 i 个驾驶员在最近一年内的交通违章情况，$Y_i = 0$ 表示第 i 个驾驶员在最近一年内没有交通违章行为，称为好驾驶员；反之，$Y_i = 1$ 表示第 i 个驾驶员在最近一年内具有交通违章行为，称为坏驾驶员；

其次，随机变量 X 表示 m 个驾驶员隐性因子值的集合，x_i 表示第 i 个驾驶员的隐性因子值。将 X 划分成 N 个区间，即找到合理的分割点 $x_{(s)}$（$s = 1$，2，…，$N-1$）；G_s、B_s 分别表示第 s 个区间好、坏驾驶员的个数，G、B 表示好、坏驾驶员总的个数；

②影响交通安全的隐性因子的选取。

IV 定义为

$$IV = \sum_{s=1}^{N} \left(\frac{G_s}{G} - \frac{B_s}{B} \right) \times WOE_s \qquad (2-3-8)$$

根据 IV 的值对影响交通安全的隐性因子进行选取，选取 IV ≥ 0.1 的影响交通安全的隐性因子作为后续影响交通安全隐性因子的单因子信用评分的隐性因子。

选取的影响交通安全隐性因子的单因子信用评分包括：根据 IV 的值对影响交通安全的隐性因子进行选取之后，需要对影响交通安全的隐性因子进行单因子信用评分，其中，影响交通安全信用的隐性因子的单因子信用评分卡函数为：

$$r_i = 600\text{logit}(WOE_s) + 300 = 600 \times \frac{BG_s}{BG_s + B_s G} + 300 \qquad (2-3-9)$$

式中，r_i 为第 i 个驾驶员交通安全的单因子信用评分值，$x_{(s-1)} \leqslant x_i \leqslant x_{(s)}$。

步骤 3：基于熵理论对隐性因子的单因子信用评分的权重进行确定；

基于步骤 2 中根据 IV 的值选取的影响交通安全的隐性因子，假设选取了 n 个隐性因子，有 m 个驾驶员，组成驾驶员的隐性因子的单因子信用评分矩阵 $\boldsymbol{R} = (r_{ij})m \times n$；其中，$r_{ij}$ 表示第 i 个驾驶员第 j 个隐性因子的单因子信用评分；此外，基于熵理论确定隐性因子的单因子信用评分的权重。

步骤 4：综合步骤 2 和步骤 3 的分析结果，得到交通安全隐性因子的信用评分；

隐性因子交通安全信用评分 credit 如下：

$$\text{credit}_i = \sum_{j=1}^{n} \omega_j r_{ij} \qquad (2-3-10)$$

式中，credit_i 为第 i 个驾驶员隐性因子评分值；n 为影响交通安全信用的隐性因子数量；r_{ij} 为第 i 个驾驶员第 j 个影响交通安全信用隐性因子的单因子信用评分值；ω_j 为第 j 个隐性因子的单因子信用评分的权重。

【权利要求】

1. 一种交通安全隐性因子的信用评分方法，其特征在于，所述方法包括以下步骤：

（1）采集交通安全隐性因子所对应的数据源，搭建由交通安全隐性因子所组成的数据库，作为交通安全隐性因子的信用评分的输入数据；

（2）根据信息价值 IV 的值对影响交通安全的隐性因子进行选取，然后基于证据权重 WOE 编码，对选取的隐性因子进行单因子信用评分；

（3）基于熵理论对隐性因子的单因子信用评分的权重进行确定；

（4）综合步骤（2）和（3）的分析结果，得到交通安全隐性因子的信用评分；

其中，所述交通安全隐性因子包括人为方面因素、车辆和道路方面因素；

所述人为方面因素包括年龄、性别、驾驶年龄、受教育程度、个人年收入和籍贯；

所述车辆方面因素包括车辆类型、车辆使用年龄、车辆价格和车辆生产产地；

所述道路方面因素包括车辆行驶总里程和车辆在不同类型城市道路的行驶总里程。

（二）案例分析

权利要求 1 的方案要求保护一种交通安全隐性因子的信用评分方法，步骤（1）首先采集交通安全相关的隐形因子作为信用评分的输入数据，并将采集的数据以数据库方式存储。具体而言，交通安全隐形因子包括驾驶员的年龄、性别、驾龄等相关数据（即人为方面因素），车辆类型、使用年限、价格等相关数据（即车辆方面因素）以及车辆行驶总里程等相关数据（即道路方面因素）。

在步骤（2）和（3）中，该方法基于 WOE 编码对单因子进行信用评分，然后基于熵理论确定各项单因子的权重，并且在步骤（4）中根据各项单因子的信用评级及其权重综合计算交通安全隐形因子的信用评分。

首先，该方案请求保护的并非是抽象的数学模型。该方案将数学建模应用于交通安全评估这一具体的应用领域，模型所涉及的各个参数以及方案中限定的各个计算公式都对应有实际的物理含义，反映了数学模型与实际应用领域的紧密结合。因而，该方案不属于《专利法》第 25 条第 1 款第（二）项所规定的智力活动的规则和方法。

权利要求请求保护的方案中限定了"采集输入数据""搭建数据库"等技术特征，可见，该方案本质上是一种由计算机系统执行的模型建立和模型求解方法。结合本申请说明书的记载可知，该方案要解决的问题是如何获得交通安全隐性因子的信用评分，从而为车辆保险企业提供决策依据，建立整个社会的交通安全信用体系。为了解决这一问题，其采用的手段包括：首先，采集人为、车辆、道路三方面的数据作为模型的输入数据，即交通安全信用评分模型的输入参数；其次，通过基于预先设置的计算规则对单项因子分别评分并确定各项因子的权重；最后，综合计算交通安全信用评分。

然而，该信用评分方法所基于的参数（即隐形因子）以及信用分值的计算规则均依赖于人们关于社会生活的经验因素，参数的选择、权重的设置和评分的规则都仅仅依据人为的选择和设定。该方案从诸多影响交通安全的因素中选择人为（年龄、性别、驾驶年龄、受教育程度、个人年收入和籍贯）、车辆（车辆类型、车辆使用年龄、车辆价格和车辆生产产地）、道路（车辆行驶总里程和车辆在不同类型城市道路的行驶总里程）三个方面的若干数据作为评价指标，这些人为选择的评价指标与要解决的用于车辆保险的交通安全信用评分之间并非遵循自然规律。也就是说，作为问题解决手段的评分方法与其要解决的评分问题之间的关联不受自然规律的约束。由于该方案要解决的问题并非是专利法意义上的技术问题，其采用的评价手段并非是遵循自然规律的技术手段，所获得的效果也并非技术效果，因此，权利要求请求保护的方案不构成技术方案，不符合《专利法》第 2 条第 2 款的规定。

（三）案例启示

根据《专利审查指南 2010》中对于技术方案的定义，技术问题、技术手段和技术效果是构成技术方案的三要素，三者之间是相辅相成的关联关系。某些情况下，仅从单一要素进行判断，结论可能并不明确。例如，就"行车安全评估"这一问题描述而言，很难直接断言其属于技术问题还是非技术问题。如果为解决上述问题，其采用的手段是利用检测设备对车辆的机械状况进行检测，基于各项机械检测指标判断行车是否安全，那么该手段有可能构成符合自然规律的技术手段，并且能够获得相应的技术效果。对于判断是否构成技术方案要从方案的整体考虑，判断方案要解决的问题与为了解决该问题所采用的手段集合之间是否受自然规律的约束。

由此可见，准确判断方案要解决的问题与为解决该问题所采用的手段的集合之间是否受自然规律约束，对于客观判断该解决方案是否构成技术方案至关重要。

第四节　人工智能领域典型案例及解析

随着人工智能技术的发展，越来越多的方案中出现了算法、数学式、指标体系模型等特征。数学式是由一些抽象元素（各种运算符号、代表变量的字母、常数等）构成的一种抽象的表达形式。作为一种表达形式，容易被理解为一种单纯的运算规则，进而被机械认定为智力活动的规则和方法范畴。

但是，一项权利要求由若干特征元素构成，各个特征元素之间既有独立的含义又有相互关联的限定作用。从整体上解读权利要求时，数学式在权利要求中的作用取决于其所要表达的内容，而内容因数学式中各个元素指代对象的不同而各异。例如：

数学式 1：$F=ma$，其中 F 为作用在某物体上的力，a 为该物体的运动加速度，m 为该物体的质量。此时，该数学式表达了一项自然规律，即牛顿第二运动定律。

数学式 2：$\pi = (\Sigma$ 圆内"点"计数值$/\Sigma$ 正方形内"点"计数值$)\times 4$，这是将正方形面积用均匀的足够精确的"点"进行划分，再作此正方形的内切圆，然后求解圆周率的公式，可见其属于一种纯数学运算方法。

即便在权利要求中有时未直接出现数学式，但会用文字表述的方式将计算规则描述出来。例如：

一种计算动摩擦系数的方法，其特征在于，包括以下步骤：

计算摩擦片的位置变化量 S_1 和 S_2 的比值；

计算变化量的比值 S_2/S_1 的对数 $\log S_2/S_1$；

求出对数 $\log S_2/S_1$ 与 e 的比值。

　　从上述示例可以看出，一项数学式的属性取决于其中各元素的含义。需要正确理解整个解决方案的目的和手段，才能明晰数学式在权利要求中的作用，得出正确的审查结论。

　　虽然《审查指南2010》列举了"数学理论和换算方法"属于智力活动的规则和方法情形，但是，不能仅凭权利要求中记载了数学式或者以文字表达的数学计算规则就机械地将方案定性为智力活动的规则和方法。

■ 示例：用数控工艺制造活塞的方法

【权利要求】

　　一种用数控工艺制造往复式内燃机（压缩机）活塞的方法，其特征在于，对裙面横向形状的加工按照准均压类椭圆规律进行：

$$\Delta\alpha = G/4\left[(1-\cos 2a)-\beta/25(1-\cos 4a)\right] \qquad (2-4-1)$$

【案例分析】

　　上述示例请求保护的方案与上述计算动摩擦系数的案例不同，权利要求的特征部分虽然仅由一个数学式来表达，但是作为活塞的制造方法，其限定的是改变被加工对象形状时所遵循的规律，示例中的数学式是对应于内燃机活塞横向截面形状的近似类圆曲线，该近似类圆曲线的因变量是活塞裙面外周上任意点的径向缩减量 $\Delta\alpha$；其自变量是该点与原点连线相对于椭圆长轴之间的夹角 α；G 为椭圆度，即假想椭圆的长径与短径之差；β 为修正系数。从权利要求整体理解，上述关系式是在数控工艺过程中决定加工工具运动轨迹的控制方式，因此，上述关系式反映的不是抽象的数学关系或运算法则，而是椭圆规律在活塞制造过程中的应用。

　　因此，判断一项解决方案是否属于保护客体，不能仅凭方案中出现的公式、模型，就武断认为该方案属于智力活动的规则和方法。对于包含数学式、算法的解决方案，要客观分析该方案是抽象的数学方法还是算法在具体领域的应用。如果方案是单纯的数学理论或数学换算方法，那么由于方案的抽象性，而属于智力活动的规则和方法，适用《专利法》第25条第1款（二）项。倘若该解决方案并非抽象的算法规则本身，而是算法或数学方法在具体领域的应用，那么还需进一步判断该方案是否构成技术方案。

■ 案例14: 抽象数学模型属于智力活动的规则和方法

(一) 案情介绍

【发明名称】

一种建立数学模型的方法和装置

【背景技术】

分类任务是指基于一个或多个参数的数值对某目标参数的数值进行估计，其中，所基于的参数可称作特征，参数的数值可称作特征值，目标参数可称作标签，目标参数的数值可称作标签值，分类任务是指基于已知的特征值对标签值进行估计，此过程可称作标签估计。例如，已知风速、温度、湿度等特征的特征值，对标签 PM2.5 的标签值进行估计。

在对标签值进行估计的过程中，除了需要已知的特征值，还需要用于标签估计的数学模型，将已知的特征值输入数学模型，以得到标签值。用于根据特征值估计标签值的数学模型，即分类任务所使用的数学模型，一般采用分类模型，如条件随机场模型、最大熵模型、隐马尔可夫模型等。该分类模型可以基于大量的训练样本对初始分类模型进行训练得到，每个训练样本可以包括一组特征值和对应的标签值，例如，一个训练样本为 8 点钟时风速、温度、湿度的数值和对应的 PM2.5 的数值，另一组训练样本为 9 点钟时风速、温度、湿度的数值和对应的 PM2.5 的数值。

【问题及效果】

现有的训练方式，如果训练样本数量不是很充足，则可能导致过拟合问题，即建立的数学模型在基于训练样本中的特征值进行估计时，得到的估计结果准确度较高（即估计得到的标签值相对于训练样本中的标签值误差较小），而该数学模型基于训练样本之外的测试样本进行估计时，得到的估计结果准确度较低。这样，会导致建模的准确性较差。

为了解决现有技术的问题，本申请基于第一分类任务和与其相关的其他分类任务的训练样本，共同训练，得到第一分类任务的数学模型，这样可以有效提高训练样本的数量，从而提高建模的准确性。

【实施方式】

本申请提供的一种建立数学模型的方法的主要步骤如图 2-4-1 所示：

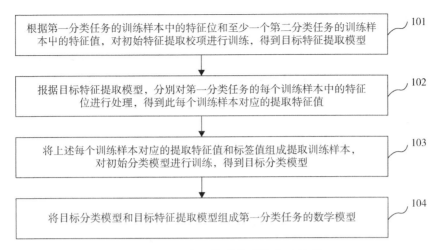

图 2-4-1　建立数学模型的方法流程

步骤101，根据第一分类任务的训练样本中的特征值和至少一个第二分类任务的训练样本中的特征值，对初始特征提取模型进行训练，得到目标特征提取模型。其中，第一分类任务是需要建立数学模型的分类任务，第一分类任务可以是任意一个分类任务。第二分类任务可以是与第一分类任务相关的其他分类任务，第二分类任务与第一分类任务是不同的分类任务。第二分类任务是与第一分类任务具有一定相关度的任务，两个分类任务之间的相关度是指两个分类任务之间特征与特征、特征与标签的相关程度。

步骤102，根据目标特征提取模型，分别对第一分类任务的每个训练样本中的特征值进行处理，得到每个训练样本对应的提取特征值。其中，提取特征值是提取特征的特征值，提取特征是特征提取模型的输出特征。在实施中，可以分别将第一分类任务的每个训练样本中的特征值输入目标特征提取模型，每输入一个训练样本包含的特征值，便可以计算得出一组提取特征值。

步骤103，将上述每个训练样本对应的提取特征值和标签值组成提取训练样本，对初始分类模型进行训练，得到目标分类模型。其中，分类模型是用于根据特征值估计标签值的数学模型。初始分类模型可以是在进行分类模型的训练时初步建立的未经训练优化的分类模型。目标分类模型可以是在进行分类模型的训练时最终得到的经过训练优化的分类模型。

步骤104，将目标分类模型和目标特征提取模型组成第一分类任务的数学模型。其中，第一分类任务的数学模型是用于第一分类任务的标签估计的数学模型。

【权利要求】

1. 一种建立数学模型的方法，其特征在于，所述方法包括：

（1）根据第一分类任务的训练样本中的特征值和至少一个第二分类任务的训练样本中的特征值，对初始特征提取模型进行训练，得到目标特征提取模型；其中，所述第二分类任务是与所述第一分类任务相关的其他分类任务；

（2）根据所述目标特征提取模型，分别对所述第一分类任务的每个训练样本中的特征值进行处理，得到所述每个训练样本对应的提取特征值；

（3）将所述每个训练样本对应的提取特征值和标签值组成提取训练样本，对初始分类模型进行训练，得到目标分类模型；

（4）将所述目标分类模型和所述目标特征提取模型组成所述第一分类任务的数学模型。

（二）案例分析

权利要求1的方案请求保护一种数学模型的建模方法。从该权利要求的方法步骤当前记载来看，该方法将第一分类任务和与其相关的其他分类任务的训练样本都作为训练样本，以此来增加训练样本数量，从而提高建模的准确性。其中训练样本、训练样本的特征值、提取特征值、标签值、提取训练样本都是通用数据，训练得到的目标提取模型、目标分类模型也是应用于通用数据的数学模型。该方法的改进在于将与分类任务相关的其他分类任务的训练样本也增加为训练样本，以此增加训练样本数量。

该建立数学模型的方法为了避免现有的分类模型建模方法中由于训练样本少导致过拟合而致使建模准确性较差的缺陷，将与第一分类任务相关的其它分类任务的训练样本也作为第一分类任务数学模型的训练样本，从而增加训练样本数量，并利用训练样本的特征值、提取特征值、标签值等对相关数学模型进行训练，并最终得到第一分类任务的数学模型。该方案不涉及任何应用领域，其中处理的训练样本的特征值、提取特征值、标签值、提取训练样本都是抽象的通用数据，利用训练样本的相关数据对数学模型进行训练等处理过程是一系列抽象的数学方法步骤，最后得到的结果也是抽象的通用分类数学模型。该建模方法的处理对象、过程和结果都不涉及与具体应用领域的结合，仅是抽象的模型建立方法，属于对抽象的数学方法本身的优化，因此属于《专利法》第25条第1款第（二）项规定的智力活动的规则和方法，不是专利保护的客体。

（三）案例启示

对于包含算法的解决方案，要客观分析该方案是抽象的数学方法还是算法在具体领域的应用。如果方案仅仅是对抽象的数学方法本身的优化，那么由于该方案没有解决任何具体的应用领域问题，而仅是抽象的数学方法本身，因此属于智力活动的规则和方法的范围，适用《专利法》第 25 条第 1 款第（二）项，不是专利保护的客体。

■ 案例 15：对算法本身的改进仍属于抽象的算法

（一）案情介绍

【发明名称】

一种优化遗传算法进化质量的方法

【背景技术】

传统的遗传算法中，适应度函数用于评价种群中个体的优劣程度，并用来度量在优化计算中，群体中各个个体有可能达到或接近于最优解的优良程度。适应度较高的个体遗传到下一代的概率较大，而适应度较低的个体遗传到下一代的概率相对较小。某个个体进入下一代的概率为该个体的适应度值与整个种群中个体的适应度之和的比值。适应度值越高，被选中进入交叉操作的比例就越大。

【问题及效果】

遗传算法的控制参数包括种群大小、交叉率、变异率和最大进化代数。其中，种群的大小对种群多样性、模式生成和计算量都有显著的影响：种群过小造成有效等位基因先天缺乏，生成最优个体的概率极小；种群过大将使个体适应度的计算量急剧增加，收敛速度显著降低。交叉率越高，将越快地收敛到期望的最优解区域，但过高的交叉率也可能导致过早收敛，出现"早熟"现象。变异率控制新基因导入种群的比例，从而影响种群的多样性。较高的变异率有利于增加样本模式的多样性，然而，变异率过高会使遗传算法变为随机搜索，影响算法的稳定性。最大进化代数作为一种模拟中止条件，其取值可根据具体问题而确定。

在现有技术中，传统遗传算法在许多复杂优化问题的应用中提供了鲁棒的寻优技术，但经验数据表明，传统遗传算法对于具有多个局部极值点的多峰函数存在着早熟收敛（即收敛到某个局部极值）和后期收敛速度过慢的缺陷。产生上述两个问题的主要原因是：在算法进化的前期，各个个体随机选取，个体之间的差异较大，算法容易进入局部最优区域导致早熟；而在进化的后期，种群中的个体都普遍接近最优解，各个个体的适应度值也比较接近，个体之间被选中的概率相差不大，降低了收敛速度。

因此，需要设计一种优化遗传算法进化质量的方法，既能克服传统遗传算法前期容易陷入局部最优解，导致早熟收敛的缺陷，又可以避免在遗传算法的后期，个体之间的区分度过小、收敛速度过慢的问题。

【实施方式】

本申请提供的一种优化遗传算法进化质量的方法的主要步骤如图2-4-2所示：

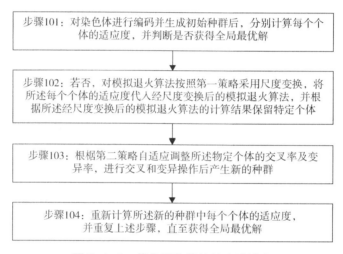

图2-4-2　优化遗传算法的方法流程

步骤101：对染色体进行编码并生成初始种群后，分别计算每个个体的适应度，并判断是否获得全局最优解。

具体而言，对所述染色体进行二进制编码，随机生成初始种群，于此，初始种群的取值区间为［20,160］。根据适应度函数计算初始种群中每个个体的适应度。判断初始种群中所有个体的适应度是否收敛于全局最优解，若是，则遗传算法成功收敛。

步骤102：若否，将模拟退火算法作尺度变换。

优选地，在遗传算法的前期，以海明距离衡量所有个体中任意两个个体的相似程度，选取相似程度较高的个体，并对相似程度较高的个体中的较差个体处以罚函数，对处以罚函数的个体重新赋值。由此，增加了遗传算法前期的种群多样性，有利于抑制早熟现象。

步骤 103：根据预设策略自适应调整所述特定个体的交叉率及变异率，进行交叉和变异操作后产生新的种群。

步骤 104：重新计算所述新的种群中每个个体的适应度，并重复上述步骤，直至获得全局最优解。

【权利要求】

一种遗传算法的改进方法，其特征在于，包括以下步骤：

对染色体进行编码并生成初始种群后，分别计算每个个体的适应度，并判断是否获得全局最优解；

若否，对模拟退火算法按照第一策略采用尺度变换，将所述每个个体的适应度代入经尺度变换后的模拟退火算法，并根据所述经尺度变换后的模拟退火算法的计算结果保留特定个体；

根据第二策略自适应调整所述特定个体的交叉率及变异率，进行交叉和变异操作后产生新的种群；重新计算所述新的种群中每个个体的适应度，并重复上述步骤，直至获得全局最优解。

(二) 案例分析

该申请的目的在于提供一种优化遗传算法进化质量的方法，用于克服传统遗传算法在进化前期早熟以及进化后期收敛过慢的问题。方案采用生成初始种群后计算个体适应度、使用交叉率和变异率的自适应调整策略及模拟退火的尺度变换等方法，重新计算所述新种群中每个个体的适应度，直至获得全局最优解。从而保证在遗传算法的前期抑制超级个体，保持种群的多样性，在遗传算法的后期，增大相近个体之间的区分度，尽快淘汰较差的个体，使遗传算法尽快收敛到全局最优解。

遗传算法是由美国的霍兰 (Holland) 教授于 1975 年在他的专著《自然界和人工系统的适应性》中首先提出的，这是一类借鉴生物界自然选择和自然遗传机制的随机搜索算法。遗传算法模拟自然选择和自然遗传过程中发生的繁殖、交叉和基因突变现象，在每次迭代中都保留一组候选解，并按某种指标从解群中选取较优的个体，利用遗传算子（选择、交叉和变异）对这些个体进行组合，产生新一代的候选解群，重复此过程，直到满足某种收敛指标为止。

具体到本申请，是为了克服传统遗传算法在进化前期早熟以及进化后期收敛过慢的问题。在传统遗传算法的基本步骤的基础上，本申请提出了一种对遗传算法自身进行优化的方案，其请求保护的解决方案是通用的遗传算法，没有将其应用到具体的技术领域，属于抽象的算法。因此属于智力活动的规则和方法，属于《专利法》第 25 条第 1 款第（二）项规定的范围，不属于专利保护的客体。

（三）案例启示

对于涉及遗传算法的申请，重点在于判断请求保护的方案中是否体现出遗传算法在某一具体技术领域的具体应用，能够解决该领域的技术问题，并获得符合自然规律的技术效果。如果是则该方案是技术方案，属于专利保护的客体。反之，如果方案解决的仅仅是遗传算法本身优化的问题，那么其实质仍然是一种抽象的计算机算法，属于智力活动的规则和方法，不属于专利保护的客体。

■ 案例 16：仅主题名称体现应用领域时如何判断

（一）案情介绍

【发明名称】

一种基于 RBF 神经网络 M-RAN 算法的数控慢走丝线切割机床热误差建模方法

【背景技术】

对于数控机床精度研究，目前认为机床的精度（定位精度与加工精度）主要受到机床零部件和结构的空间几何误差、热误差、载荷误差、伺服误差等因素的影响。对数控机床误差源的大量研究表明，机床几何误差、热误差和载荷误差几乎占据全部机床误差。随着加工中心各部件自身精度的提高，以及直线电机驱动取代传统伺服电机加滚珠丝杠驱动，影响其加工精度的主要误差元素不再是部件自身几何精度误差、装配误差、滚珠丝杠误差、导轨直线度、垂直度误差等几何误差元素，而是直线导轨热变形误差、旋转轴安装定位误差、直线电机边缘效应，以及驱动电机、高温切削等复杂热源作用下工作台、立柱、床身等产生的热变形导致的热误差元素。随着加工中心自身精度和刚度的不断提高，由高速驱动元件发热引起的热误差元素将成为影响加工精度最主要的误差元素。线切割机床的热变形问题是一个急需解决的重大工程实际问题，同时也是装备制造业领域里的一个重要基础理论问题。

目前减少数控机床热误差的主要方式有误差防止法和误差补偿法。误差防止法是试图通过设计和制造途径消除或减小可能的误差源。误差防止法是"硬技术"，它虽然能减少原始误差，但靠提高机床制造和安装精度来满足高速发展的需要则有着很大的局限性。误差补偿技术是人为地造出一种新的误差去抵消当前成为问题的原始误差，以达到减少加工误差，提高零件的加工精度。误差补偿所投入的费用与提高机床本身精度或购买高精度机床的费用相比较，价格要低得多。

误差补偿技术在使用过程中，需要确立以下三个主要步骤：

第一，实现机床温度场温度测点的优化辨识和测量；

第二，建立精确的机床误差计算数学模型；

第三，依据数学模型实现对机床误差的控制。

目前，建立精确的机床误差计算数学模型是现代精密工程中实现误差补偿的核心技术之一。已知的建模方法有基于最优分割和逐步回归方法的机床热误差建模方法、灰色系统模型法、BP 神经网络补偿法、多项式回归理论法、贝叶斯网络的数控机床热误差模型法、偏最小二乘神经网络模型法等。RBF（Radical Basis Function，径向基函数）神经网络模型拟合偏差带最窄，模型误差拟合能力好，热误差预测时误差带宽也较小，基于 RBF 神经网络的 M-RAN（Minimal Resource Allocating Network）算法可以获得更加紧凑的网络结构，且具有自适应能力，能通过隐层神经元数量的增减和网络参数的调整跟踪系统变化的动态特性，适合实时在线应用。

【问题及效果】

本申请采用 RBF 神经网络的 M-RAN 算法来建立热误差模型。

该申请通过在线切割机床上合理布置温度传感器，并用千分表测量上下丝架热变形的手段采集热变形数据，将采集到的数据用基于 RBF 神经网络的 M-RAN 算法建立热误差补偿模型。资源再分配网络 RAN 算法，是一种基于径向基函数的单隐层神经网络（RBF 神经网络）学习算法。在学习过程中，随着输入数据的不断出现，网络根据"新颖性"条件选择某些输入数据作为隐层中心，隐层节点不断增加，在没有隐层节点增加时，网络参数采用最小二乘 LMS（Least Mean Squares）算法进行调整。由于 RAN 网络一旦一个隐层单元产生，则不能被删除，因此 RAN 产生的网络中可能会有某些隐层单元，虽然在初始时活跃，但其后会对网络输出不产生任何贡献。如果在学习过程中能检测并删除这些不活跃的隐层单元，则可以实现更加紧凑的网络结构。因此本申请采用将删除算法与 RAN 方法结合起来提出的 M-RAN 算法来建立热误差模型。

本申请具有如下有益效果：

（1）实施效率方面：径向基函数网络在逼近能力、分类能力和学习速度方面均优于现在普遍应用的 BP 神经网络，建模过程计算量小，收敛速度快。

（2）建模精度方面，所得模型精度高，可直接应用于基于模型的控制算法，具有较强的实用性。

【实施方式】

本申请采用 RBF 神经网络的 M-RAN 算法来建立热误差模型。

（1）单输入 RAN 网络结构，有输入层、隐含层和输出层三层，如图 2-4-3 所示。

（2）M-RAN 算法。网络开始时没有隐层单元。在学习过程中，将根据下列"新颖性"条件来确定是否将某个输入 x_n 增加为新的隐层单元。

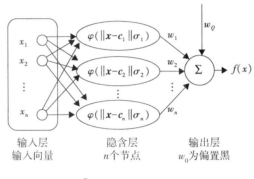

$$x = [x_1, x_2, \cdots, x_n]^T$$

图 2-4-3 单输出 RAN 网络结构

【权利要求】

1. 一种基于 RBF 神经网络 M-RAN 算法的数控慢走丝线切割机床热误差建模方法，其特征在于，该方法包括下述流程，

（1）单输入 RAN 网络结构单输出 RAN 网络结构有输入层、隐含层和输出层三层；设网络输入 x 为 n 维向量 $x = [x_1, x_2, \cdots, x_n]^T \in R^n$，隐层节点的输出为

$$\phi_i(x) = e^{\frac{\|x - c_i\|^2}{\sigma_i^2}} \tag{2-4-2}$$

网络输出为

$$f(x) = w_0 + \sum_{i=1}^{n} w_i \phi_i(x) \qquad (1 \leqslant i \leqslant n) \tag{2-4-3}$$

式中，$\varphi(x)$ 为径向基函数，一般取为高斯函数 $\phi_i(x) = e^{\frac{\|x - c_i\|^2}{\sigma_i^2}}$；$\|x - c_i\|$ 为欧几里德（Euclidean）范数；$c_j = [c_{1j}, x_{2j}, \cdots, x_{nj}]^T \in R^n$ 为隐层第 i 个径向基函

数的数据中心；σ_i 为径向基函数的宽度；w_0 为偏置项；w_i 为第 i 个基函数输出与输出节点的连接权值；n 为隐层节点的数目。

网络开始时没有隐层节点，它首先利用第一对训练样本数据 (x_0, y_0) 初始化，网络参数 w_0，并令 $w_0 = y_0$，然后对每一对训练样本数据根据下列"新颖性"条件来确定是否将某个输入 x'' 增加为新的隐层单元：

$$\| x_n - c_{\text{nearest}} \| > \varepsilon_n \tag{2-4-4}$$

$$| e_n | = | y_n - f(x_n) | > e_{\min} \tag{2-4-5}$$

式中，c_{nearest} 为所有隐层单元中与 x_n 距离最近的隐层单元的中心；ε_n 为输入空间的阈值，$\varepsilon_n = \max \{ \gamma^n \varepsilon_{\max}, \varepsilon_{\min} \}$，$\gamma \in (0, 1)$，$\varepsilon_{\max}$ 和 $\varepsilon_{\min}$ 分别为输入空间的最大和最小误差；$e_{\min}$ 为输出空间的误差阈值，须合理选择；在上面的"新颖性"条件中，需要保证新加入的隐层单元与现有的隐层单元足够远，并确定现有隐层单元是否能满足输出误差的精度要求，当上述两个条件同时满足时，则在网络中增加一个新的隐层单元，与新增加隐层单元有关的参数指定如下：

$$w_{k+1} = e_m \tag{2-4-6}$$

$$c_{k+1} = x_m \tag{2-4-7}$$

$$\sigma_{n+1} = \kappa \| x_n - c_{\text{nearest}} \| \tag{2-4-8}$$

式中，κ 为重叠因子，它决定了隐层单元的响应在输入空间的重叠程度。

当输入向量不满足增加隐层单元的条件时，则采用下列最小二乘算法调整网络参数，网络参数 θ 可以表示为其中未包括 RBF 的宽度参数 $\sigma_i (i = 1, 2, \cdots, n)$。

$$\theta(n) = \theta(n-1) + \eta e_n a_n \tag{2-4-9}$$

式中，η 为自适应步长的大小；$f(x)$ 为在 $\theta(n-1)$ 处关于参数向量 θ 的梯度。

$$a_n = \left[1, \phi_1(X_n), \cdots, \phi_i(X_n), \phi_1(X_n) \frac{2w_1}{\sigma_1^2}(X_n - c_1)^{\mathrm{T}}, \cdots, \phi_i(X_n) \frac{2w_i}{\sigma_i^2}(X_n - c_i)^{\mathrm{T}} \right]^{\mathrm{T}} \tag{2-4-10}$$

（2）M-RAN 算法。

网络开始时没有隐层单元；在学习过程中，将根据下列"新颖性"条件来确定是否将某个输入 x_n 增加为新的隐层单元：

$$\| \boldsymbol{x}_n - \boldsymbol{c}_{\text{nearest}} \| > \varepsilon_n \tag{2-4-11}$$

$$|e_n| = |y_n - f(x_n)| > e_{\min} \tag{2-4-12}$$

$$e_{\text{msn}} = \sqrt{\frac{\sum_{i=n-(M-1)}^{n} [Y(i) - f(x_i)]^2}{M}} > e_{\min} \tag{2-4-13}$$

在上面的"新颖性"条件中，比 RAN 网络增加公式（2-4-13）作为条件之一，其目的是检查网络过去 M 个连续输出的均方差是否满足要求值，当上述三个条件同时满足时，则在网络中增加一个新的隐层单元，与该隐层单元有关的参数如公式（2-4-6）～（2-4-8）所示。

当输入向量不满足增加新隐层单元的条件时，将采用扩展卡尔曼滤波器来调整网络的参数，同时，该算法中增加了如下删除策略。

为了删除对网络输出几乎不作贡献的隐层单元，首先考虑隐层单元 k 的输出 O_k：

$$O_k = w_k \exp\left(-\frac{\| \boldsymbol{x} - \boldsymbol{c}_k \|^2}{\sigma_k^2}\right) \tag{2-4-14}$$

如果公式（2-4-14）中的 w_k、σ_k 小，则 O_k 也会变小；另一方面，如果 $\| \boldsymbol{x} - \boldsymbol{c}_k \|$ 大，即输入远离该隐层单元的中心，则输出会变小；为了确定一个隐层单元是否应删除，隐层单元的输出值要进行连续检测；如果对 M 个连续的输入某个隐层单元的输出都小于一个阈值，则这个隐层单元要从这个网络中去删除；因为采用绝对数值会在删除过程中引起矛盾，所以隐层单元的输出要进行归一化，这些归一化的输出值用于惩罚判据中，具体删除策略如下：

（1）对每个观测值 (x_n, y_n)，用公式（2-4-14）算所有隐层单元的输出 $O_n^i (i = 1, 2, \cdots, h)$；

（2）找出隐层单元输出值绝对值的最大值，计算每个隐层单元的归一化输出值 $r_n^i (i = 1, 2, \cdots, h)$，$r_n^i = \left\| \dfrac{O_i^n}{O_{\max}^n} \right\|$；

（3）删除那些对于 M 个连续的观测值其归一化输出小于阈值 δ 的隐层单元；

（4）调整 EKF 算法中各矩阵的维数以适应经过删除的网络；

在该算法中，各种阈值必须合理地选择，其中 ε_n、$e_{\min}$、$e_{\max}$ 控制着网络增长，而 δ 则控制着网络的删除；而 K、Q 和 P_0 则与扩展卡尔曼滤波器算法的参数更新有关。

（二）案例分析

该申请权利要求 1 请求保护一种基于 RBF 神经网络 M-RAN 算法的数控慢走丝线切割机床热误差建模方法。虽然在主题名称中记载了将"RBF 神经网络 M-RAN 算法"用于进行"数控慢走丝线切割机床热误差测量"。但是除主题名称外，其中各计算步骤和参数与引起数控慢走丝线切割机床热误差没有任何关联，并未限定具体技术领域的具体物理参数；该方法在建模的过程中并未将"RBF 神经网络 M-RAN 算法"应用于"数控慢走丝线切割机床热误差测量"中，未解决构建线切割机床热误差模型的具体技术问题。因此，上述权利要求除了主题名称外，请求保护的内容属于基于抽象算法的模型构建方法，在建模的过程中并未将上述方法应用于具体领域，属于《专利法》第 25 条第 1 款第（二）项规定的智力活动的规则和方法，不是专利保护的客体。

（三）案例启示

对于包含数学式、算法的解决方案，要客观分析该方案是抽象的数学方法还是算法在具体领域的应用。如果权利要求记载的解决方案仅在主题名称中记载了该算法所应用的领域，除主题名称外，方案的特征部分未体现出算法在该领域的具体适用和关联，那么该解决方案仍是抽象的数学方法，仍属于智力活动的规则和方法。

■ 案例 17：算法在传统技术领域的应用

（一）案情介绍

【发明名称】
交织方法、编码方法、交织器与编码器
【背景技术】
随着人们对于移动通信系统的频带利用率要求不断提高，出现了很多技术来提高移动通信系统的频带利用率，如自适应编码调制技术等。但是，在提高移动通信系统的频带利用率的同时，还要保证可靠通信。为了保证通信可靠，可以通过采用信道编码技术，如 Turbo 码和低密度奇偶校验码（Low Density Parity Check，LDPC）来保证。其中，Turbo 码具有编码简单，译码性能逼近香农容量限，能够灵活支持各种码率等特点，特别适合高速无线通信系统使用。

通常，一个标准的 Turbo 码是由两个卷积码编码器通过一个内码交织器并行级联而成。其中的分量码编码器是具有递归结构的系统卷积码编码器。在 WIMAX（Worldwide Interoperability for Microwave Access，微波存取全球互通）系统中，使用的一种 CTC（Convolutional Turbo Code，卷积 Turbo 码）是基于两个双输入的递归系统卷积码编码器通过一个内码交织器并行级联而成，同时具有循环结尾的特点，即分量码编码器经过编码后，分量码编码器的移位寄存器的终止状态和移位寄存器的初始状态相同，为了满足这一条件，要求输入的数据块长不能为 7 的倍数。

【问题及效果】

现有 WIMAX 系统中，CTC 采用 ARP（Almost Regular Permutation，准规则交织）方法进行内码交织。具体交织形式可以用如下函数表示：

$$\pi(j) = (P_0 \cdot j + d(j)) \bmod L \qquad (j = 0, 1, 2, \cdots, L-1) \qquad (2\text{-}4\text{-}15)$$

式中，L 为待编码的信息符号个数；P_0 与 L 互素；$d(j)$ 为一个周期为 C 的偏移向量；其中 C 表示环长。对于一个 ARP 交织器，待编码的数据块长要求是 C 的整数倍。

现有 WIMAX 系统中，CTC 编码时数据块长的取值有 {48，72，96，144，192，216，240，288，360，384，432，480，960，1920，2880，3840，4800}，单位为比特（bit）。

现有技术中存在如下问题：采用以上数据块长的取值，在编码时需要填充比特数目较多，导致系统的频带利用率降低。

本申请提供一种交织方法、编码方法、交织器以及编码器，在现有系统中提供的数据块长的基础上增加了编码时可以使用的数据块长。这样，可以减少数据块长之间的间隔，进而可以减少编码时填充比特数目，提高系统频带利用率。

【实施方式】

如图 2-4-4 所示，该交织方法可以包括：

步骤 101，对一输入序列进行信息比特对内交织，得到第一序列。

在这一步的交织过程中，对输入序列进行信息比特对内交织可以是对输入序列的信息比特对交替地进行信息比特对内交换。

下面以一个具体的例子说明该交织过程。

假设输入序列 $u_0 = [(A_0, B_0), (A_1, B_1), (A_2, B_2), (A_3, B_3), \cdots, (A_{N-1},$

B_{N-1})], 对输入序列进行信息比特对内交织可以采用以下方法:

如果输入序列的信息比特对(A_i, B_i)（其中, $i=0,1,2,\cdots,N-1$）的下标i满足$i \bmod 2 == 1$, 则交换A_i和B_i的顺序; 这样, 交织后得到的序列$u_1 = [(A_0, B_0), (B_1, A_1), (A_2, B_2), (B_3, A_3), \cdots, (B_{N-1}, A_{N-1})] = [u_1(0), u_1(1), u_1(2), u_1(3), \cdots, u_1(N-1)]$。

当然, 还可以采用另一种信息比特对内交织的方法:

如果输入序列的信息比特对(A_i, B_i)（$i=0,1,2,\cdots,N-1$）的下标i满足$i \bmod 2 == 0$, 则交换A_i和B_i的顺序, 进而获得交织后的序列: $u_1 = [(B_0, A_0), (A_1, B_1), (B_2, A_2), (A_3, B_3), \cdots, (A_{N-1}, B_{N-1})] = [u_1(0), u_1(1), u_1(2), u_1(3), \cdots, u_1(N-1)]$。

步骤102, 对第一序列根据函数$\pi(j)$进行交织, 得到一输出序列。

本步骤中, 对于$j=0,1,2,\cdots,N-1$, 函数$\pi(j)$满足:

当$j \bmod 4 == 0$时, $\pi(j) = (P_0 \cdot j + 1) \bmod N$;

当$j \bmod 4 == 1$时, $\pi(j) = (P_0 \cdot j + 1 + N/2 + P_1) \bmod N$;

当$j \bmod 4 == 2$时, $\pi(j) = (P_0 \cdot j + 1 + P_2) \bmod N$;

当$j \bmod 4 == 3$时, $\pi(j) = (P_0 \cdot j + 1 + N/2 + P_3) \bmod N$;

式中, $\pi(j)$表示该输出序列的信息比特对在第一序列中的位置索引号; N表示输入序列的信息比特对个数; P_0、P_1、P_2和P_3为交织偏移量参数; $2N$为所述输入序列的数据块长K。

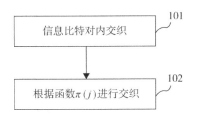

图2-4-4 交织方法流程

本实施例中, 输入序列的数据块长K可以从 {120, 264, 312, 408, 456, 528, 576, 624, 720, 768, 816, 864, 912, 1056, 1152, 1248, 1440, 1536, 1632, 1728, 1824, 2112, 2208, 2304, 2400, 2496, 2592, 2784, 2976, 3072, 3168, 3264, 3456, 3552, 3648, 3744, 3936, 4128, 4224, 4320, 4416, 4512, 4608} 中取值, 其中, K的单位为比特。

【权利要求】

一种交织方法, 其特征在于, 包括:

对一输入序列进行信息比特对内交织, 得到第一序列;

对所述第一序列根据函数 $\pi(j)$ 进行交织，得到一输出序列；

其中，对于 $j=0,1,2,\cdots,N-1$，所述函数 $\pi(j)$ 满足：

当 $j \bmod 4 == 0$ 时，$\pi(j) = (P_0 \cdot j + 1) \bmod N$；

当 $j \bmod 4 == 1$ 时，$\pi(j) = (P_0 \cdot j + 1 + N/2 + P_1) \bmod N$；

当 $j \bmod 4 == 2$ 时，$\pi(j) = (P_0 \cdot j + 1 + P_2) \bmod N$；

当 $j \bmod 4 == 3$ 时，$\pi(j) = (P_0 \cdot j + 1 + N/2 + P_3) \bmod N$；

式中，$\pi(j)$ 表示所述输出序列的信息比特对在所述第一序列中的位置索引号；N 表示所述输入序列的信息比特对个数，P_0、P_1、P_2 和 P_3 为交织偏移量参数，$2N$ 为所述输入序列的数据块长 K。

其中，所述输入序列的数据块长 K 包括 ｛120，264，312，408，456，528，576，624，720，768，816，864，912，1056，1152，1248，1440，1536，1632，1728，1824，2112，2208，2304，2400，2496，2592，2784，2976，3072，3168，3264，3456，3552，3648，3744，3936，4128，4224，4320，4416，4512，4608｝ 中的至少一个；其中，数据块长 K 的单位为比特。

（二）案例分析

权利要求1的方案中试图保护一种对输入序列的交织方法。从该权利要求的步骤表述来看，主要包括两个步骤，步骤一用于对输入序列执行信息比特对内交织并产生输出序列，步骤二用于对步骤一的输出序列执行满足函数 $\pi(j)$ 的交织操作，剩余内容是对步骤二中函数 $\pi(j)$ 所需满足条件的阐述及步骤一中输入序列的数据块长度的限定。

在实际的移动通信环境下，移动通信信号的衰落是不可避免的一种物理现象。通过使用交织编码方法，将造成数字信号传输的突发性差错离散化，并纠正这种突发性差错，可以改善信道的传输特性。该权利要求涉及的交织方法应用于通信领域，对信息比特进行交织。因此，该解决方案并非抽象的算法本身，而是编码方法在特定领域的具体应用，不属于智力活动的规则和方法。

权利要求1限定的算法步骤所输出的序列增加了可使用的块长数量并相应地进行适应性交织编码，由此减少了块长间隔，整体上减少了移动通信系统中的信道编码时填充的比特数目，从而提高系统的频带利用率，其是受自然规律约束的。该方案为解决现有的填充比特数目较多导致频带利用率降低的技术问题，所采用的在所输出的序列中增加可使用的块长数量并相应地进行交织编码的手段受自然规律（数字信号传输中突发性差错的离散化纠错要求）的约束，达到了减少填充比特数目以提高系统的频带利用率的技术效果，因此构成《专利法》第 2 条第 2 款规定的技术方案。

（三）案例启示

对于编码解码类的解决方案，若其方案并非抽象的算法本身，则方案不属于智力活动的规则和方法；如果其能够解决编码中的某个技术问题，采用了的手段集合遵循自然规律的约束，并能够实现相应的技术效果，则该方案构成技术方案。

■ 案例18：神经网络模型结合具体应用构成技术方案

（一）案情介绍

【发明名称】
卷积神经网络模型的训练方法及装置
【背景技术】
该申请涉及图像识别领域，特别涉及一种卷积神经网络模型的训练方法及装置。

在图像识别领域中，经常会用到 CNN（Convolutional Neural Network，卷积神经网络）模型来确定待识别图像的类别。在通过 CNN 模型识别待识别图像的类别之前，需要先训练出 CNN 模型。

在训练 CNN 模型时，通常通过如下方式实现：首先，初始化待训练 CNN 模型的模型参数，该模型参数包括各个卷积层的初始卷积核、各个卷积层的初始偏置矩阵以及全连接层的初始权重矩阵和全连接层的初始偏置向量。接着，从预先选取的每个训练图像中，获取固定高度和固定宽度的待处理区域，该固定高度和固定宽度与待训练 CNN 模型预先设置的能够处理的待识别图像类别匹配。将每个训练图像对应的待处理区域输入该待训练 CNN 模型。然后，在各个卷积层上，使用各个卷积层的初始卷积核和初始偏置矩阵对每个待处理区域进行卷积操作和最大池化操作，得到每个待处理区域在各个卷积层上的特征图像。接着，使用全连接层的初始权重矩阵和初始偏置向量对每个特征图像进行处理，得到每个待处理区域的类别概率。然后，根据每个训练图像的初始类别及类别概率计算类别误差。根据所有训练图像的类别误差计算类别误差平均值。接下来，使用该类别误差平均值调整待训练 CNN 的模型参数。然后，使用调整后的模型参数及各个训练图像，迭代上述各个步骤指定数值次；最后，将迭代次数达到指定数值次时所得到的模型参数作为训练好的 CNN 模型的模型参数。

【问题及效果】

在现有 CNN 模型训练过程中存在以下问题：由于在训练 CNN 模型的过程中，需要从预先选取的训练图像中获取固定高度和固定宽度的待处理区域，因此，训练好的 CNN 模型也仅能识别具有固定高度和固定宽度的图像，导致训练好的 CNN 模型在识别图像时具有一定的局限性，适用范围有限。

在各级卷积层上对训练图像进行卷积操作和最大池化操作后，进一步对最大池化操作后得到的特征图像进行水平池化操作。由于在进行水平池化操作时，能够进一步从特征图像中提取出标识特征图像水平方向特征的第二特征图像，从而确保训练好的 CNN 模型在识别图像类别时，不受待识别图像水平方向尺寸的限制，从而能够识别任意尺寸的待识别图像，使得通过该种方式训练好的 CNN 模型在识别图像时的适用范围比较广泛。

【实施方式】

本申请提供的一种 CNN 模型的训练方法如图 2-4-5 所示，包括：

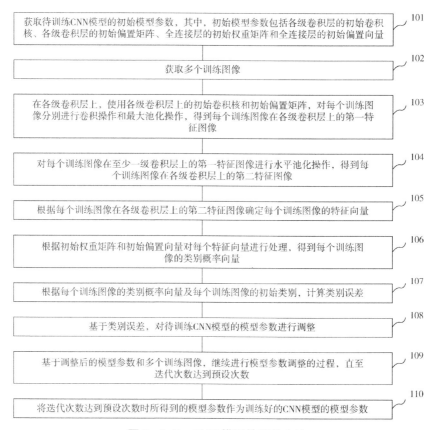

图 2-4-5　CNN 模型的训练方法

101：获取待训练 CNN 模型的初始模型参数，其中，初始模型参数包括各级卷积层的初始卷积核、各级卷积层的初始偏置矩阵、全连接层的初始权重矩阵和全连接层的初始偏置向量。

102：获取多个训练图像。

在另一个实施例中，获取多个训练图像，包括：

获取多个初始训练图像；

对于任一初始训练图像，保持初始训练图像的宽高比，将初始训练图像处理为具有指定高度的第一图像；

将第一图像处理为具有指定宽度的第二图像，将具有指定高度和指定宽度的图像作为初始训练图像对应的训练图像。

在另一个实施例中，将第一图像处理为具有指定宽度的第二图像，包括：

当第一图像的宽度小于指定宽度时，在第一图像右两边使用指定灰度值的像素进行均匀填充，直至第一图像的宽度达到指定宽度时，得到第二图像；

第一图像的宽度大于指定宽度时，对第一图像左右两边的像素进行均匀裁剪，直至第一图像的宽度达到指定宽度时，得到第二图像。

在另一个实施例中，获取多个训练图像，包括：

获取多个初始训练图像；

对于任一初始训练图像，保持初始训练图像的宽高比，将初始训练图像处理为具有指定高度的图像，将指定高度对应的宽度作为每个初始训练图像的宽度。

在另一个实施例中，训练图像为自然场景下的图像，自然场景下的图像包括不同语种的字符，待训练 CNN 模型为语种识别分类器。

103：在各级卷积层上，使用各级卷积层上的初始卷积核和初始偏置矩阵，对每个训练图像分别进行卷积操作和最大池化操作，得到每个训练图像在各级卷积层上的第一特征图像。

在另一个实施例中，使用各级卷积层上的初始卷积核和初始偏置矩阵，对每个训练图像分别进行卷积操作和最大池化操作，得到每个训练图像在各级卷积层上的第一特征图像，包括：

对于任一训练图像，将在上一级卷积层上的第一特征图像输入当前卷积层，使用当前卷积层上的初始卷积核和初始偏置矩阵，对上一级卷积层上的第一特征图像进行卷积操作，得到当前卷积层上的卷积图像，其中，如果当前卷积层为第一级卷积层，则上一级卷积层上的第一特征图像为训练图像；

对当前卷积层上的卷积图像进行最大池化操作，得到训练图像在当前卷积层上的第一特征图像后，继续将当前卷积层上的第一特征图像传输至下一级卷积层，并在下一级卷积层进行卷积操作和最大池化操作，直至在最后一级卷积层进行卷积操作和最大池化操作，得到最后一层卷积层上的第一特征图像为止。

104：对每个训练图像在至少一级卷积层上的第一特征图像进行水平池化操作，得到每个训练图像在各级卷积层上的第二特征图像。

在另一个实施例中，对每个训练图像在至少一级卷积层上的第一特征图像进行水平池化操作，得到每个训练图像在各级卷积层上的第二特征图像，包括：

对任一训练图像在任一级卷积层上的第一特征图像，提取卷积层上的第一特征图像中的每个图像每行元素中的最大值，其中，第一特征图像包括预设数值的图像，预设数值与卷积层的卷积核及偏置矩阵的数量相同；

按照每个图像的像素排列情况，将每个图像所有行提取到的最大值排列成一个一维向量；

组合卷积层上的第一特征图像中的所有图像的一维向量，得到卷积层上的第二特征图像。

105：根据每个训练图像在各级卷积层上的第二特征图像确定每个训练图像的特征向量。

在另一个实施例中，根据每个训练图像在各级卷积层上的第二特征图像确定每个训练图像的特征向量，包括：

对于任一训练图像，将训练图像在各级卷积层上的第二特征图像中所有行的元素首尾相接，得到训练图像的特征向量。

106：根据初始权重矩阵和初始偏置向量对每个特征向量进行处理，得到每个训练图像的类别概率向量。

107：根据每个训练图像的类别概率向量及每个训练图像的初始类别，计算类别误差。

在另一个实施例中，根据每个训练图像的类别概率向量及每个训练图像的初始类别，计算类别误差，包括：

获取每个训练图像的初始类别；

根据每个训练图像的类别概率向量及每个训练图像的初始类别通过如下公式计算每个训练图像的类别误差：

Loss＝－Lnylabel，式中，Loss 表示每个训练图像的类别误差，label 表示每个训练图像的初始类别，yi 表示每个训练图像的类别概率向量中的某一元素，ylabel 表示初始类别对应的类别概率；

计算所有训练图像的类别误差平均值，将类别误差平均值作为类别误差。

108：基于类别误差，对待训练 CNN 模型的模型参数进行调整。

109：基于调整后的模型参数和多个训练图像，继续进行模型参数调整的过程，直至迭代次数达到预设次数。

110：将迭代次数达到预设次数时所得到的模型参数作为训练好的 CNN 模型的模型参数。

【权利要求】

1. 一种卷积神经网络 CNN 模型的训练方法，其特征在于，所述方法包括：

获取待训练 CNN 模型的初始模型参数，所述初始模型参数包括各级卷积层的初始卷积核、所述各级卷积层的初始偏置矩阵、全连接层的初始权重矩阵和所述全连接层的初始偏置向量；

获取多个训练图像；

在所述各级卷积层上，使用所述各级卷积层上的初始卷积核和初始偏置矩阵，对每个训练图像分别进行卷积操作和最大池化操作，得到每个训练图像在所述各级卷积层上的第一特征图像；

对每个训练图像在至少一级卷积层上的第一特征图像进行水平池化操作，得到每个训练图像在各级卷积层上的第二特征图像；

根据每个训练图像在各级卷积层上的第二特征图像确定每个训练图像的特征向量；

根据所述初始权重矩阵和初始偏置向量对每个特征向量进行处理，得到每个训练图像的类别概率向量；

根据所述每个训练图像的类别概率向量及每个训练图像的初始类别，计算类别误差；

基于所述类别误差，对所述待训练 CNN 模型的模型参数进行调整；

基于调整后的模型参数和所述多个训练图像，继续进行模型参数调整的过程，直至迭代次数达到预设次数；

将迭代次数达到预设次数时所得到的模型参数作为训练好的 CNN 模型的模型参数。

（二）案例分析

权利要求 1 的方案中试图保护一种卷积神经网络 CNN 模型的训练方法。从该权利要求的方法步骤的表述来看，分别计算各卷积层的第一、第二特征图像、类别概率向量、类别误差，并依据类别误差调整模型参数，最后根据调整后的模型参数和多个训练图像不断调整直至迭代此处达到预设次数，并将所得到的迭代次数达到预设次数时所得到的模型参数作为训练好的 CNN 模型的模型参数，因此判断该权利要求的方案是否属于授权客体的关键在于正确判断上述调整模型的方法是否是纯粹的算法以及是否受到自然规律的约束。

该请求保护的方案中明确了模型训练方法的各处理步骤中处理的数据均为图像数据，使得该训练方法的各步骤所执行的处理方法必然需要在受到图像数据固有的自然属性的约束下进行。因此，请求保护的方案整体上体现出神经网络训练算法与图像信息处理领域的紧密结合，不属于《专利法》第 25 条规定的智力活动的规则和方法。

从方案的整体上来看，该方案涉及一种卷积神经网络 CNN 模型的训练方法，用于进行任意图像的分类模型的训练，其为了解决"训练好的 CNN 模型仅能识别具有固定高度和固定宽度的图像，导致训练好的 CNN 模型在识别图像时具有一定的局限性"的问题，通过采用不同卷积层上对图像进行不同处理并训练的手段，即在水平池化时从特征图像中提取出标识其水平方向特征的第二特征图像，从而解除了对待识别图像水平宽度的要求，所述解决问题的手段是遵循自然规律的技术手段。同时，该方案解决了 CNN 模型在识别图像时具有局限性的技术问题，并获得"训练好的 CNN 模型能够识别任意尺寸待识别图像"的技术效果，因此，该解决方案构成《专利法》第 2 条第 2 款规定的技术方案。

（三）案例启示

当将神经网络训练方法应用于特定的图像处理领域从而形成一项解决方案时，应从请求保护的方案整体出发，判断方案包含的各个具体步骤与要解决的问题之间是否具有明确的技术关联。在该申请中，各步骤中使用的参数都是来自训练的图像数据，整个方案解决的问题与采用的手段之间受自然规律的约束，因此，该解决方案构成技术方案。

■ 案例19：仿真模型是否能构成技术手段

（一）案情介绍

【发明名称】

一种纤维混凝土有限元模型的构建方法

【背景技术】

纤维混凝土是在素混凝土基体中掺入均匀分散的短纤维或是连续的长纤维而组成的一种复合材料。将纤维掺入混凝土后，纤维和混凝土基体粘结在一起，形成一个整体来共同承担力的作用，而纤维具有抗拉强度高、极限延伸率大和耐腐蚀性优良等特性，可以有效地阻碍混凝土中微裂缝和裂缝的产生及扩展，从而显著地提高了混凝土的韧性和延性。

利用 ANSYS 有限元分析软件建立细观层面上带有随机分布的纤维混凝土模型，对其受力试验进行模拟，可以研究不同纤维掺量时混凝土的应力—应变曲线和立方体受力过程中的应力分布情况。

【问题及效果】

现有技术中的有限元建模方法要么较为复杂，要么与实际数据的拟合效果不理想。本申请提出的纤维混凝土有限元模型的构建方法，采用管单元模拟混凝土中的纤维，将表示随机分布纤维的两端坐标数据通过命令流的形式输入来建立关键点，再用命令将相应的关键点连接建立数条线段以代表纤维；选用弹簧单元来模拟纤维与混凝土之间的粘结和滑移，粘结滑移关系可由拔出破坏的试验数据所拟合的曲线计算所得。

采用该方法所建立的有限元模型既简便又与实际情况相一致，其分析结果与试验数据相比较十分接近，可以用来分析不同纤维掺量时混凝土的应力—应变曲线及立方体受力过程中的应力分布情况。

【实施方式】

图 2-4-6 为本申请中采用纤维混凝土有限元模型的构建方法建立的有限元模型示意图：

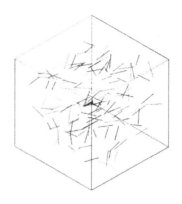

图 2-4-6　有限元模型

图 2-4-7 为利用该有限元模型计算所得不同纤维掺量的混凝土的应力应变曲线图：

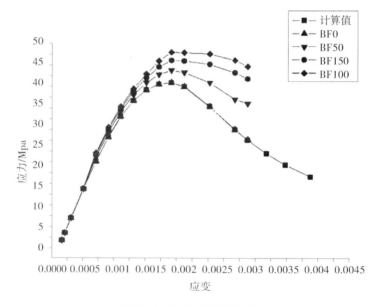

图 2-4-7　应力应变曲线

【权利要求】

1. 一种纤维混凝土有限元模型的构建方法，其特征在于，

步骤 S1：通过 ANSYS 有限元软件模拟混凝土，且在建模过程中，考虑混凝土在开裂后的应力软化行为，不考虑混凝土的大变形；

步骤 S2：对纤维进行建模；

步骤 S3：对玄武岩纤维与混凝土之间的粘结和滑移进行模拟；

步骤 S4：设置混凝土和纤维的材料参数；

步骤 S5：建立纤维混凝土立方体试块对应的几何模型；

步骤 S6：采用扫略网格的方式进行网格划分，利用 select 通过单元编号选择纤维管单元，再用 reselect 在已选择的管单元上选择所有节点；然后利用 select 找到与管单元上节点最近的立方体单元节点，用 E 命令将对应的两点用弹簧单元连接；

步骤 S7：对模型施加荷载及位移约束，对模型进行求解。

（二）案例分析

权利要求 1 请求保护一种纤维混凝土有限元模型的构建方法，该方法利用了 ANSYS 有限元软件对含有纤维的混凝土进行建模并设置相关参数，通过对模型施加不同的荷载及位移约束，以分析不同条件下纤维混凝土的应力分布情况。

结合说明书相关记载可知，该方法具体执行为：利用 ANSYS 有限元软件中的实体单元来模拟混凝土，不考虑混凝土的大变形但需考虑混凝土在开裂后的应力软化行为；采用管单元模拟纤维，将表示随机分布纤维的两端坐标数据通过命令流的形式输入来建立关键点，再用命令将相应的关键点连接建立数条线段以代表纤维；最后，选用弹簧单元来模拟玄武岩纤维与混凝土之间的粘结和滑移，粘结滑移关系由拔出破坏的试验数据所拟合的曲线计算得到。

在此基础上，进一步定义混凝土和纤维的材料参数，建立纤维混凝土立方体试块对应的几何模型并进行网格划分，对模型施加荷载及位移约束，模拟出不同纤维掺量下的应力应变关系，从而考察纤维掺量对外力作用下混凝土剪应力分布的影响。

该方案请求保护一种利用有限元数学模型对纤维混凝土进行仿真建模的方法，虽然其利用了有限元模型这一数学方法，但是其构建的模型反映的是纤维混凝土的结构和材料特性，可供对纤维混凝土进行应力分析，因而权利要求请求保护的主题不是单纯的数学模型。而且，由于其参数设置以及计算步骤均体现了数学模型与特定应用领域的结合，更重要的是在模型构建中，考虑了纤维混凝土各物理参数及其之间，如混凝土开裂后应力软化，纤维与混凝土之间的粘结和滑动存在的自然规律约束，也不属于抽象的模型构建方法。因此，该方案属于有限元模型在纤维混凝土应力分析中的具体应用，不属于《专利法》第

25 条排除的智力活动的规则与方法。

该方案针对纤维混凝土应力分布分析这一问题，利用 ANSYS 有限元软件建立纤维混凝土几何模型并对其不同条件下的受力情况进行模拟分析，该方案涉及的各个参数代表了纤维混凝土的各项物理指标及其在受力情况下的各种实际影响因素，如混凝土开裂后应力软化，纤维与混凝土之间的粘结和滑动问题及其之间都存在的力学规律，即自然规律的约束，利用计算机模拟和分析纤维混凝土在不同情形下的应力应变情况，就必须遵循或利用这些自然规律，因此该方案所采用的仿真计算方法遵循自然规律的约束，即整体方案为了解决所述问题采用了遵循自然规律的技术手段，获得了建模简便并且模拟接近度高的技术效果，因此，该方案属于《专利法》第 2 条第 2 款规定的技术方案。

（三）案例启示

涉及数学建模的方案，如果其方案中限定了各个参数的物理含义，并且采用了特定的处理步骤以解决该应用领域的特定问题，则该方案属于数学方法结合具体应用的情形，不属于智力活动的规则和方法，需要进一步判断其是否具备技术三要素从而构成技术方案。如果其方案中的方法步骤反映了利用计算机对外部数据进行遵循自然规律的数据处理的过程，解决了特定领域的技术问题并且获得了相应的技术效果，则该方案构成技术方案。

在判断遵循自然规律的约束时，不能仅考虑方案中是否存在物理参数，因为物理参数有时仅仅起到充当数据的作用，而应该考虑在模型构建中各物理参数本身及其之间是否存在自然规律的约束，并且模型构建中必须遵循或者利用这些自然规律。例如，该案在模型构建中，考虑了纤维混凝土各物理参数及其之间的关系，如混凝土开裂后应力软化，纤维与混凝土之间的粘结和滑动存在的自然规律约束，且必须遵循或利用这些自然规律。

■ 案例 20：没有明确应用领域不构成技术方案

（一）案情介绍

【发明名称】
快速管理逻辑公式的系统和方法

【背景技术】
在飞行器或航空器的运载工具的概念设计时，通常包括一组有关设计的权衡研究或折中研究，其中需要考虑多种系统配置和标准。为了实现最佳设计，理想的是从运载工具性能、成本、可靠性和多个学科中的各种其他因素的角度来评估多种备选设计概念。对备选设计概念的评估可以在计算过程中实施，如在约束网络中实施，其中，如本领域所公知的，约束网络中几个变量之间的数学关系，考虑在给定相关独立变量的值的情况下这些变量中任一个变量的值的计算。在设计折中研究中，对备选设计概念的评估可能涉及大量的表示设计、性能和成本变量之间的约束的代数方程。

例如，在高超音速飞行器的概念设计中，需要一种约束管理计划算法以简化在众多理想的折中研究之一的计划期间包含对大量谓词的众多引用的多个命题公式或合式公式（简称为 WFF）。示例 WFF 可能只有 10 到 15 个谓词，其中每个谓词具有 2 到 20 个可能的值。在语句构成上，这种 WFF 可以以类似等级的深度引用相同的谓词 5 到 10 次 ［如 And(Or(And Or(P1 = −p11, P2 = p21⋯) ⋯ Or(And(P1 = p13, Or(Not(P1 = p13) ⋯)))))］ 等。遗憾的是，在一次实施中使用经典算法将这种 WFF 简化成合取范式或析取范式需要 10 到 30 分钟的计算时间。使用经典算法简化 WFF 所需的相对长的计算时间段直接减少了设计者用于考虑和研究不同设计折衷可用的时间。

【问题及效果】

现有技术中需要一种用于减少在逻辑依赖系统如约束网络中简化合式逻辑公式所需时间量的系统和方法。本方案提供了一种用于简化支持约束网络中计算计划过程的合式公式（WFF）的方法，可以解决和缓解上述与简化逻辑依赖系统中的逻辑公式相关联的需求。

【实施方式】

通过定义，And（）= T 以及 Or（）= F。包含逻辑运算符 "And" "Or" 或 "Not" 中的一个或更多个运算符的 WFF 在这里称作 "复合" WFF。所有其他 WFF 称作 "原子" WFF。原子 WFF 包括符号 T 和 F，其在这里称作 "原子真" WFF 和 "原子假" WFF。原子 WFF 还包括具有单个布尔谓词和 "等式" WFF 的 WFF，其中 "等式" WFF 通过使谓词等同于其（有限）域中的元素而形成，例如 "EngineType = Rocket"，其中 EngineType（发动机类型）是谓词并且可以具有诸如 "Rocket"（火箭发动机）"Ramjet"（冲压式喷气发动机）、"Turbojet"（涡轮式喷气发动机）等值。如果：

P1 = EngineType，其域为｛Rocket, Ramjet, Turbojet｝，且

B1 = HasLiftingBody（具有升力体），

则复合 WFF：And(Or［(= EngineType Ramjet), (= EngineType Turbojet)］, Not (HasLiftingBody)) 代表其中考虑的运载工具不具有升力体并且具有类型为冲压式

喷气发动机类型或涡轮式喷气发动机的发动机的所有条件。而另一个 WFF：Or[（=EngineType Ramjet），（=EngineType Turbojet）]则代表其中考虑的运载工具具有类型为冲压式喷气发动机类型或涡轮式喷气发动机的发动机的所有集合，而不管该运载工具是否具有升力体。如上所述，原子 WFF 和/或复合 WFF 可以用在约束管理系统中以调节关系。例如，应用于所考虑的运载工具的拖动方程的特定形式可以通过运载工具是否具有升力体、运载工具的发动机类型（如火箭发动机、冲压式喷气发动机、涡轮式喷气发动机等）和/或可以由 WFF 表示的其他因素来指示。

该种用于简化复杂合式公式即 WFF 的计算机实施的方法，其包括下列步骤：

在公式处理器中接收输入 WFF，

并且执行以下操作：

使用公式转换器将所述输入 WFF 转换成初始位数组；

使用位数组简化器通过移除所述初始位数组的语义冗余维而将所述初始位数组简化成简化的位数组；和

通过位数组转换器将所述简化的位数组转换成合取范式或析取范式形式的返回 WFF；和

通过所述公式处理器返回所述返回 WFF；

其中所述方法在用于从用户指定的输入变量集合计算用户指定的输出变量集合的值的条件计算计划中实施，从而评估飞行器或航空器运载工具的各种备选设计概念，并且减少完成该评估的时间，所述用户指定的输入变量集合是折中研究中数据依赖约束网络的一部分。

参见以下图 2-4-8，其图示说明简化输入的复杂命题逻辑公式或复杂合式公式（WFF）的方法的流程图，即首先尝试使用经典算法在超时时间段内简化输入的 WFF，并且如果超时时间段到期，则将输入的 WFF 转换成初始位数组、简化初始位数组并将简化的位数组转换成返回 WFF。在步骤 302 中，接收输入的 WFF，使用取非/求反运算符、合取运算符、析取运算符组合布尔变量或谓词和等式谓词。在步骤 308 中，系统和方法 300 将输入的 WFF 转换成表示输入的 WFF 的初始位数组。在步骤 310 中，初始位数组转换成简化的位数组以移除表示 WFF 所不需要的谓词。在步骤 312 中，简化的位数组之后转换成包括析取范式（DNF）和/或合取范式（CNF）的最小规范形式的返回 WFF。在步骤 314 中，可以利用公式处理器返回 WFF。

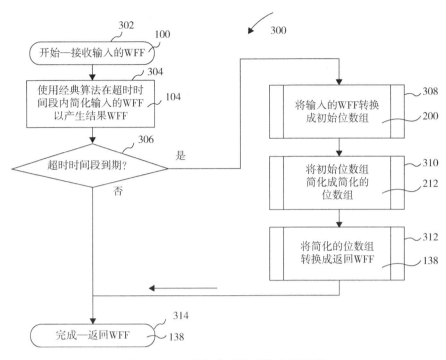

图 2-4-8 简化合式公式的方法流程

【权利要求】

1. 一种用于简化复杂合式公式即 WFF 的计算机实施的方法，其包括下列步骤：

在公式处理器中接收输入 WFF，其中所述输入 WFF 由以下中的一个或更多个：

（1）原子真，

（2）原子假，

（3）布尔谓词，和/或

（4）等式谓词；

以及以下中的零个或更多个构成：

（1）取非运算符，

（2）合取运算符，和/或

（3）析取运算符；并且

执行以下操作：

使用公式转换器将所述输入 WFF 转换成初始位数组；

使用位数组简化器通过移除所述初始位数组的语义冗余继而将所述初始位数组简化成简化的位数组；和

通过位数组转换器将所述简化的位数组转换成合取范式或析取范式形式返回 WFF；和

通过所述公式处理器返回所述返回 WFF；

其中所述方法在用于从用户指定的输入变量集合计算用户指定的输出变量集合的值的条件计算计划中实施，从而评估飞行器或航空器运载工具的各种备选设计概念并且减少完成该评估的时间，所述用户指定的输入变量集合是折中研究中数据依赖约束网络的一部分。

（二）案例分析

权利要求1请求保护一种用于简化复杂合式公式即 WFF 的计算机实施的方法。虽然该申请在权利要求中限定了该方法用于"评估飞行器或航空器运载工具的各种备选设计概念，并且减少完成该评估的时间"，但是除了这里有关用途和省时的限定之外，在合式公式简化的各步骤中均没有与飞行器或航空器运载工具的设计评估的方面关联。该权利要求1的方案只说明该简化复杂合式公式的方法可以在此具体场景下使用，并没有与该领域具体结合，提出一个具体的适用方案。整个权利要求并没有具体描述在此应用场景下如何实施该方法，尤其没有体现出在评估飞行器设计时，哪些评估步骤中需要使用以及如何使用该方法，也没有体现出使用该方法所能获得的具体技术效果，从而解决评估飞行器设计这一领域中某一具体的技术问题。

因此，权利要求1的解决方案并未利用技术手段，解决技术问题并获得技术效果，因此不属于《专利法》第2条第2款规定的技术方案。

此外，即使修改上述权利要求，进一步限定合式公式的谓词、域的含义为飞行器运载工具设计领域的相关内容，就如本申请实施例中所列出的那样，但本申请为了解决简化复杂合式公式所采用的手段，是通过使用位数组简化器移除冗余，通过位数组转换器将简化的位数组转换成合取范式或析取范式形式，并通过公式处理器来返回 WFF。这些手段的实质仍然是离散数学中的公式简化算法，由此获得的公式简化、评估时间的减少等，都是单纯地由于算法的改进带来的，而不是由任何利用了自然规律的技术手段而获得的。因此，其解决的问题与采用的手段之间也并未遵循任何自然规律。从这个角度看，即使采取上述修改，权利要求依然不属于《专利法》第2条第2款规定的技术方案。

（三）案例启示

对于包含数学式、算法的解决方案，要客观分析该方案是抽象的数学方法还是算法在具体领域的应用。如果权利要求记载的解决方案仅在主题名称或用途中记载了该算法所应用的领域，除此之外，方案的其余部分未体现出算法在该领域的具体适用，也并未就此具体领域给出与算法相结合的、具有技术含义解决具体技术问题的技术方案，那么该解决方案仍是不属于《专利法》授权的客体。

第五节　区块链领域典型案例及解析

2016 年 10 月，工业与信息化部指导编写的《中国区块链技术和应用发展白皮书》，对区块链的应用场景进行了整理，其中包含了视频版权、音乐版权、软件防伪、数字内容确权、软件传播溯源、专利，著作权，商标保护、软件，游戏，音频，视频，书籍许可证、艺术品证明身份认证、档案管理、公证、工商管理和众筹等和知识产权相关的应用，并认为区块链技术有能力引发新一轮的技术创新和产业变革，应当积极把握区块链发展趋势和规律，营造良好的发展环境，加速推动我国区块链技术和产业发展。

2016 年 12 月 28 日，经李克强总理签批，国务院印发了《"十三五"国家信息化规划》（以下简称为《规划》）。《规划》中提到，"十三五"时期，全球信息化发展面临的环境、条件和内涵正发生深刻变化。同时，全球信息化进入全面渗透、跨界融合、加速创新、引领发展的新阶段。"信息技术创新代际周期大幅缩短，创新活力、集聚效应和应用潜能裂变式释放，更快速度、更广范围、更深程度地引发新一轮科技革命和产业变革。物联网、云计算、大数据、人工智能、机器深度学习、区块链、生物基因工程等新技术驱动网络空间从人人互联向万物互联演进，数字化、网络化、智能化服务将无处不在。"其中，区块链技术首次被列入《规划》。

区块链是一种架构应用，架构的实现理当是核心。区块链的架构包括核心应用组件、核心技术组件和配套设施。核心技术组件包括区块链系统所依赖的基础组件、协议和算法，进一步细分为通信、存储、安全机制、共识机制等 4 层结构。这 4 层结构具体为：第一，通信，区块链通常采用 P2P 技术来组织各个网络节点，每个节点通过多播实现路由、新节点识别和数据传播等功能。第二，存储，区块链数据在运行期以块链式数据结构存储在内存中，最终会持久化存储到数据库中。对于较大的文件，也可存储在链外的文件系统里，同时将摘要（数字指纹）保存到链上用以自证。第三，安全机制，区块链系统通过多种密码学原理进行数据加密及隐私保护。对于公有链或其他涉及金融应用的区块链系统而言，高强度高可靠的安全算法是基本要求，需要达到国密级别，同时在效率上需要具备一定的优势。第四，共识机制，是区块链系统中各个节点达成一致的策略和方法，应根据系统类型及应用场景的不同灵活选取。

作为一种新兴的领域，区块链在金融服务、供应链管理、文化娱乐、智能制造、社会公益和教育就业等领域有着广泛的应用，正在成为全球商业界关注的热点。合理的专利保护有助于规范和指导区块链在各行业的发展和应用，能够促进解决区块链的关键技术问题，对于区块链产业生态发展意义重大。

随着区块链热度的提升，相关专利申请也日渐增多。从内容上看，涉及区块链的发明专利申请大多涉及以下几个方面：一是涉及区块链的构造，如基础组件、协议和算法等；二是涉及区块链在各个领域的应用，如基于区块链的产品质量溯源方法等；三是涉及比特币发行相关的申请，如比特币为代币的结算方法。

对于区块链相关发明专利申请的审查，除了要区分专利申请属于区块链本身的组件、协议或算法方面的改进，还是区块链在各个领域的应用之外，还需要特别关注在请求保护的解决方案中，是否涉及比特币等代币的发行、交易、流通、融资等。

基于去中心化的区块链技术的数字货币如比特币等，由于去中心化、匿名、监管困难等原因，对我国经济及社会负面影响极大。具体而言：其一可能造成金融稳定问题，并产生非法融资，每一次暴涨，都与投机炒作有关，严重冲击我国金融市场；其二可能造成财富向其他国家流失，也为非法资金外逃创造了条件，极易成为洗钱的工具，扰乱我国外汇管理秩序；其三冲击法定货币体系；其四不能服务于实体经济，让服务于实体经济的资金涌入炒作。因此，虽然央行对区块链技术本身的研究是采取鼓励态度的，但是，比特币等算法数字货币对我国经济及社会有着极大的负面影响。

2013 年 12 月 3 日，央行等五部委联合发布《关于防范比特币风险的通知》（以下称《通知》），明确了比特币的属性："虽然比特币被称为'货币'，但由于其不是由货币当局发行，不具有法偿性与强制性等货币属性，并不是真正意义的货币。从性质上看，比特币应当是一种特定的虚拟商品，不具有与货币等同的法律地位，不能且不应作为货币在市场上流通使用。"明确规定了各金融机构和支付机构不得开展与比特币相关的业务。

《通知》同时认为："比特币是一种特定的虚拟商品，不具有与货币等同的法律地位，不能且不应作为货币在市场上流通使用。但是，比特币交易作为一种互联网上的商品买卖行为，普通民众在自担风险的前提下拥有参与的自由。"

2017 年 9 月 4 日，央行等七部门联合发布《关于防范代币发行融资风险的公告》，正式叫停包括 ICO（虚拟货币融资）在内的代币发行融资。代币发行融资是指融资主体通过代币的违规发售、流通，向投资者筹集比特币、以太币等所谓"虚拟货币"，本质上是一种未经批准非法公开融资的行为，涉嫌非法发售代币票卷、非法发行证券及非法集资、金融诈骗、传销等违法犯罪活动。

因此，对于权利要求中涉及了虚拟货币、发行虚拟货币、转移虚拟货币、交易、清算、金额总数、笔数、股权、票据等虚拟货币的发行、转账、管理等特征的解决方案，其属于金融机构介入的虚拟数字货币的清算方法，违反《通知》的相关规定。即"各金融机构和支付机构不得开展与比特币相关的业务：现阶段，各金融机构和支付机构不得以比特币为产品或服务定价，不得直接或间接为客户提供其他与比特币相关的服务。包括：为客户提供比特币登记、交易、清算、结算等服务；接受比特币或以比特币作为支付结算工具"。

《专利法》第 5 条规定："对违反法律、违反社会公德或者妨害公共利益的发明创造，不授予专利权。"

《专利审查指南 2010》第二部分第一章第 3.1.3 节规定："妨害公共利益，是指发明创造的实施或使用会给公众或社会造成危害，或者会使国家和社会的正常秩序受到影响。"

虽然《通知》并不属于《专利法》第 5 条中法律的范畴，但是对于如比特币等虚拟货币的流通、融资、定价、交易、结算、清算等方案，对我国经济及社会有着极大的负面影响，可能造成金融稳定问题，并产生非法融资，严重冲击我国金融市场；也可能造成财富向其他国家流失，极易成为洗钱的工具，扰乱我国外汇管理秩序；冲击我国现有的法定货币体系；同时，也不能服务于实体经济，属于《专利法》第 5 条所规定的妨害公共利益的情形，不能被授予专利权。下面将通过具体案例来分析涉及区块链相关技术及区块链在各领域应用的相关发明专利申请，如何才能构成专利保护客体。

■ 案例 21：区块链算法本身的改进

（一）案情介绍

【发明名称】

区块挖掘方法和装置

【背景技术】

一般地，分布式网络可以存储并引用区块链中的公共信息。在一典型的区块链中，每个区块包含大致出现于同一时间的通常被称为交易的信息单元。使用一预定义的协议，区块可以通过将其散列值插入区块链的下一个顺序区块的指定字段而相连。

区块链的挖掘过程的设计，是为了让系统达成一致性，其中计算机网络的所有节点都符合同一个区块链。已经提出了若干种区块链系统，且一些正被实施。根据设计协议，第一个成功确定候选区块的工作量证明的矿机有权将该区块添加到区块链（有时被称为分类账），并有权生成新的加密货币单元作为奖励。区块的工作量证明包含随机数值，如果将其插入该区块的指定字段，则其将使该区块的加密散列值达到一定的难度目标。由于加密散列函数实际上表现为随机指示，除了简单地反复试验来查找正确的随机数，目前尚未发现更好的方法。因此挖掘过程是一个随机过程。在实践中，一个特定矿机成功开发一个区块的可能性，在任何特定的时间点，正比于该矿机的散列率，其与整个网络的散列率相关。

美国国家安全局（NSA）已经设计并公布了一组被称为安全散列算法（SHA，Secure Hash Algorithms）的加密散列函数。许多散列函数，包括 SHA-1、SHA-2 和 RIPEMD 家族，采用与 SHA-256 类似的方案。每种算法采用一种适于将输入消息扩展到消息表的扩展函数（有时被称为扩展操作），然后采用一种适于将消息表压缩成散列值或结果（有时被称为消息摘要，或者简单地称为摘要）的压缩函数（有时被称为压缩操作）。通常情况下，压缩函数是可递归循环的，每次循环压缩消息表中的一个字。当应用于硬件实现时，这些函数的递归性质适合于公知的循环展开方法，结果得到计算元件的典型流水式配置。

通常，当在比特币内计算散列时，要被计算两次，即 SHA-256 散列的 SHA-256 散列［有时被称为双 SHA（double-SHA），或简单地 SHA2］大多数时候，只在如散列的交易或区块头部（block headers）时使用 SHA-256 散列。然而，当更短的散列摘要是可取的时，例如，当对公钥（public key）散列以获得比特币地址（Bitcoin address）时，RIPEMD-160 也可用于第二次散列。

一种改善散列率的已知方法是将散列查找分散到最大数量的散列引擎，每种散列引擎适于独立地搜索满足（如低于）所需难度目标的散列的整个随机数空间的相应部分。

通常，当在比特币内计算散列时，正被散列的消息具有固定长度。这对于如区块头部（80 个字节）是这样的情况，无论何时，散列值（32 个字节）本身正被散列。散列值在所有双 SHA 应用中都被散列。在 Merkle 树的信息中，以树数据结构排列的散列值对（64 个字节）被散列。

图 2-5-1 示出了一种典型的比特币 SHA2 引擎 16 的高级表示。在区块链的挖掘中，许多消息（区块）的散列仅在最后块（即该部分包含随机数）上不同。对于该特定类型的应用，压缩器的中间状态（即执行压缩功能的硬件部件）可被预先计算，只要它不依赖于随机数。我们使用常规符号表示总线宽度，用表示为 32 位的双字作为单位。有时根据使用环境，压缩器可被称为半散列器，而扩展器和压缩器的组合被称为全散列器。

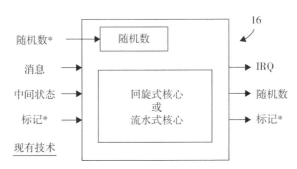

图 2-5-1　典型的比特币 SHA2 引擎 16 的高级表示

【问题及效果】

现有技术中已经提出了在区块头部划分 4 字节的版本字段，并使用如高 2 字节部分作为附加随机数范围。可选地，比特币规范在基于货币或产量交易的格式中定义了 extraNonce 字段。但是，比特币规范认可 extraNonce 字段的增加会导致 Merkle 树的重新计算。在这种方法中，每次增加 extraNonce 时，产生完整的 Merkle 根部，因此需要重新处理完整的区块头部。

现有设计存在的问题是，每个散列核心需要适于独立于硬件中的其他所有散列核心来进行完整的 SHA-256。因此，需要一种方法和装置来让多个压缩操作时刻共享单个扩展操作时刻。

本申请提出的区块挖掘的改进方法和装置，允许一个单一的扩展时刻由多个压缩器时刻的共享。如果比特币区块头部的其他部分可以用作扩展的随机数空间，如前个区块散列的前 32 位，那么本申请的方法和装置还可以使用这些额外的随机数空间，以创建本申请所需的一组中间状态。

【实施方式】

图 2-5-2 以高层次形式示出本申请构造的比特币 SHA2 散列引擎 16。

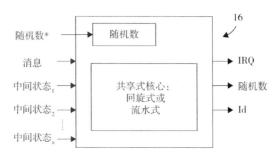

图 2-5-2　比特币 SHA2 散列引擎

图 2-5-3 示出本申请的用于操作的一种可行的方法，即散列引擎的操作的功能流程。这里通过伪代码形式（用缩进表示 for 循环结构）解释其工作：

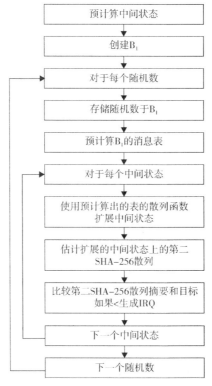

图 2-5-3　散列引擎的操作流程

1. 通过将 SHA 的第一块处理应用于区块头部来预计算 s 个中间状态 MS_0，…，MS_{s-1}，该区块头部是通过设置 Merkle 根部字段到 s 个 Merkle 根部 MS_0，…，MS_{s-1} 来修改。

2. 为固定格式创建具有 B1 集合的最前面 32 比特的 B1，所有 MR_i 的各自最后 4 个字节共用。为 B1 的其它字段（｜比特｜和｜时间｜）设置适当的值。

3. 对于每个随机数 v，

3.1 在 B1 中存储随机数，并为 B1 预计算消息表 Wv。

3.2 对于从 0 到 s-1 的每个 i：

3.2.1 使用预计算消息表 Wv 使中间状态成为完整 SHA 实施，以获得中间的摘要 $T_{i,v}$。

3.2.2 将第二 SHA 操作应用到 $T_{i,v}$，已得到双 SHA 摘要 $D_{i,v}$。

3.2.3 比较 $D_{i,v}$ 和目标（如果最后一轮优化在使用中，该比较将在第二 SHA 实施引擎内完成）。

图 2-5-4 所示为适用于图 2-5-2 的系统的核心 10，其包括一个适于共享相同消息表的扩展器 12 以及一对同步运行的压缩器 14a 和 14b。如上所述，每个压缩器 14 从使用如我们的候选根部生成处理来生成的唯一的中间状态开始。随着散列过程通过压缩器 14 继续同步向下进行，消息表字流并行地通过扩展器 12 向下。一旦完成，每个压缩器 14 提供一个相应的唯一的输出状态。如在我们的基本结构那样，中间状态在完全随机数范围内保持恒定，而消息表字内的随机数在全流水线时钟速率时增加。与传统结构形成鲜明对比的是，我们的散列引擎只需要单个共用的扩展器 12，从而不仅总系统硬件明显减少，而且功耗也明显降低。

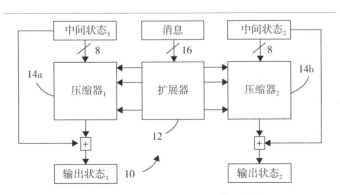

图 2-5-4　适用于图 2-5-2 的系统核心

【权利要求】

1. 一种用于区块挖掘的方法，所述区块包括区块头部，作为应用在所述区块头部的选定的散列函数的函数，所述选定的散列函数包括扩展操作和压缩操作，所述方法包括以下步骤：

开发 m 个中间状态，每个中间状态作为有选择地改变所述区块头部的选定的第一部分的函数；

对所述区块头部的选定的第二部分执行所述扩展操作以产生消息表；以及

对于所述 m 个中间状态中的每一个，对所述中间状态与所述消息表执行压缩操作以产生相应的 m 个结果中的一个；

其中，所述第一部分包括树数据结构的根部，所述树数据结构包括 Merkle 树。

（二）案例分析

本申请请求保护一种区块挖掘方法。现有的区块链挖掘技术中，许多消息（区块）的散列仅在最后块（即该部分包含随机数）上不同。将区块链的挖掘进行特定应用时，扩展操作和压缩操作组合为全散列器。为了解决现有技术中每个散列核心需要适于独立于硬件中的其他所有散列核心来进行完整的 SHA-256 的问题，权利要求 1 记载的方案中，通过产生中间状态有选择地改变区块头部的第一部分的函数，对中间状态与对区块头部的第二部分进行扩展操作产生的消息表进行压缩操作，由此对选定的函数进行扩展和压缩操作。

由此可知，权利要求 1 记载的方案是利用散列函数实现区块链的挖矿算法，散列函数执行的扩展函数和压缩函数均是通过数学函数将消息数据进行散列变换，属于抽象的散列函数算法本身，其并没有对硬件平台的内部性能做出任何技术上的改进，因此属于抽象的算法本身，属于《专利法》第 25 条第 1 款第（二）项规定的智力活动的规则和方法，不属于专利保护的客体。

（三）案例启示

涉及区块链的解决方案，在判断是否属于专利保护客体时，并非仅根据权利要求中出现的"区块链""挖矿"或"散列函数"等特征即可判断，而是要根据方案整体来确定是否属于专利保护客体。对于涉及区块链构造、协议、算法的相关申请，如果其方案所要改进的是区块链的数据结构本身、算法本身，那么，此类申请很可能因为属于智力活动的规则和方法而无法获得专利保护。

对于利用区块链去中心化、防篡改的特点，将区块链应用于食品安全、网络安全、金融服务等领域所形成的解决方案，如果该方案能够解决该领域的技术问题，采用了符合自然规律的技术手段，能够获得符合自然规律的技术效果，那么其构成技术方案，属于专利保护客体。

■ 案例 22：区块链在交易验证中的应用

（一）案情介绍

【发明名称】

一种去中心化的交易验证方法

【背景技术】

自 2009 年比特币系统推出以来，以比特币及其衍生竞争币为代表的去中心化加密货币受到了广泛关注。以比特币为代表的分布式加密货币体系采用 PoW（Proof of Work，俗称"挖矿"）机制进行交易验证与共识达成。

【问题及效果】

现有技术中，存在如下问题：（1）交易确认时间长，区块产生速度在 10 分钟以上，交易确认时间更是长达 1 小时；（2）存在 51% 的攻击漏洞，即当攻击者掌握超过 51% 计算能力时，可恶意更改区块链信息；（3）用户需要下载整个区块链信息，充当矿工进行"挖矿"，浪费计算资源。

本申请的去中心化的快速交易验证与共识方法比已有传统单区块链方法更高效，在保证交易验证安全可靠的前提下，提升了交易验证效率，表现在：（1）缩短交易确认验证时间，可以控制在 1 分钟内完成；（2）不再采用"挖矿"验证机制，也就避免了 51% 攻击漏洞；（3）用户无需下载整个系统区块链进行"挖矿"验证，节约大量计算资源。

【实施方式】

图 2-5-5 示出了根据本申请中一个实施例的去中心化的交易验证方法的流程示意图。如图 2-5-5 所示，一种去中心化的交易验证方法，包括如下步骤：

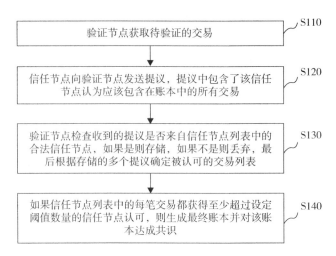

图 2-5-5　去中心化交易验证方法

步骤 S110，验证节点获取待验证的交易。验证节点，指参与区块链验证的节点，所有验证节点的集合构成验证池。验证节点产生方式可以有多种，比如可以是由发行机构部署的固定节点；由商业伙伴部署的固定节点；由用户节点竞争后动态进入或退出的节点。对于不符合验证节点条件的部分节点（比如低信誉度、低计算能力），可以将其从验证池中删除。验证节点获取需要确认的交易并存放在本地，或者说，验证节点本地存放了本轮共识过程需要确认的所有交易。

步骤 S120，信任节点向验证节点发送提议，提议中包含了该信任节点认为应该包含在账本中的所有交易。信任节点是指与验证节点能够保持正常通信、报文保活，积极参与验证节点交易验证，并且对交易的判断结果能够得到验证节点认可的节点，它可由合作伙伴或系统推荐并被采纳产生，或是公认的高可信权威节点等。信任节点根据自身掌握的双方额度、交易历史等信息对交易做出判断，并将判断结果加入到提议中进行发送，即提议中包含了所有待确认交易及其验证信息。每个验证节点都有一个信任节点邻居列表，其中包含了该验证节点信任的所有邻居节点，该验证节点的提议信息会发送给这些邻居节点，同时也会接收这些邻居节点发过来的提议信息。

步骤 S130，验证节点检查收到的提议是否来自信任节点列表中的合法信任节点，如果是则存储，如果不是则丢弃，最后根据存储的多个提议确定被认可的交易列表。信任节点列表，是验证池的一个子集，每个验证节点 s 维护一个信任列表，信任列表中的节点被 s 所信任，只有信任列表中的节点才能参与 s

的共识验证过程。信任节点列表首先可由系统推荐产生，进而可由用户结合信誉度等信息进行更新。每个验证节点都存储有一份自己的信任节点列表。

步骤 S140，如果信任节点列表中的每笔交易都获得至少超过设定阈值数量的信任节点认可，则生成最终账本并对该账本达成共识。

【权利要求】

1. 一种去中心化的交易验证方法，其特征在于，所述方法包括：

验证节点获取待验证的交易；

信任节点向验证节点发送提议，提议中包含了该信任节点认为应该包含在账本中的所有交易；

验证节点检查收到的提议是否来自信任节点列表中的合法信任节点，如果是则存储，如果不是则丢弃，最后根据存储的多个提议确定被认可的交易列表；

如果信任节点列表中的每笔交易都获得至少超过设定阈值数量的信任节点认可，则生成最终账本并对该账本达成共识。

（二）案例分析

本申请请求保护一种基于区块链的交易验证方法，该方法利用区块链去中心化的特点，通过共识机制来验证交易的安全性。可见，该方案并非是单纯对区块链组件、协议、算法本身的改进，而是区块链在交易验证过程中的具体应用。因此，权利要求 1 请求保护的解决方案不属于《专利法》第 25 条第 1 款第（二）项规定的智力活动的规则和方法，需进一步判断该解决方案是否构成技术方案。

本申请要解决的问题是交易过程中交易验证和共识过程中确认时间长、安全性低容易受攻击以及浪费计算资源的问题，也就是说，本申请要解决的是在数据处理过程中的处理速度、安全性问题，属于提升交易系统本身性能的技术问题。通过向验证节点发送包含信任节点认为应包含的所有交易的提议，来使得每笔交易都获得了预定数量的信任节点的认可从而提高了交易速度。在此过程中，验证节点通过检查信任节点的交易列表，从而通过来自合法信任节点的提议来认定属于可信任交易，并且在达到设定阈值数量的合法信任节点认可后才认为交易是可靠的，从而达成对交易的可靠性共识。由此可知，该方案中，为了解决交易验证和共识过程中确认时间长、安全性低容易受攻击以及浪费计算资源的技术问题，采用了验证节点接收并检查可信节点的提议，在至少超过设定阈值数量的合法信任节点认可的情况下才验证通过并达成共识的符合自然规律的技术手段，本申请的去中心化的快速交易验证与共识方法更高效可靠，达到了在保证交易验证安全可靠的前提下，提升了交易验证效率和安全性的技术效果。因此，权利要求 1 的解决方案构成《专利法》第 2 条第 2 款规定的技术方案，属于专利保护客体。

（三）案例启示

涉及与区块链有关的申请，当从方案的整体出发，判断其是否属于单纯的区块链相关算法本身，当判断不属于智力活动的规则和方法后，还需要进一步判断该解决方案是否构成技术方案。本申请中基于区块链中的去中心化方法，运用来自合法信任节点的提议来使得验证节点进行交易可信判断，即将去中心化的手段应用到交易验证和共识过程中来提升交易系统的处理速度和安全性，从方案整体可以判断出其符合技术方案的规定，属于专利保护的客体。

■ 案例 23：区块链在保险领域的应用

（一）案情介绍

【发明名称】
基于区块链的互助保险和互助保障运行方法
【背景技术】
互助保险和互助保障领域通常存在以下一些问题：
（1）信息安全问题：黑客篡改数据作弊，作为存储的数据无法进行交叉验证和全民监督。
（2）公平公正问题：系统组织者如何自证公平性是很大的难点，如果数据库控制者偷偷将患者信息放入数据库，而私下收取费用，其他会员并不能察觉。在过去往往需要通过政府部门背书，或者专业公司来审计。但是这其中不仅成本很高，而且对于普通人来说也非完全透明。加之近几年屡屡出现的捐款去向不明、P2P 理财平台跑路等恶性社会事件，更是充分暴露了人们在当前社会信任感严重缺失的环境下的无力感。
（3）规则修改问题：互助保险和互助保障规则及赔付执行流程主要由组织者制定、颁布和修改，其中也不可避免地包含人的主观因素，如何保证加入用户的利益，尤其是对规则进行修改时，是一个不得不重视的问题；
（4）资金安全问题：如何保证组织者始终不接触资金，完全没有专门的资金池，更没有理财的模式，所有的资金全部通过第三方渠道直接支付给需要保障金的会员，确保所有支付记录可以查询。

【问题与效果】

传统解决方案主要有以下几个方面：银行托管、第三方审计、国家机构信用背书、网络系统安全投资。但这些解决方案都导致另一个更大的问题，就是推高整个运行平台的成本，使得加入用户的利益无法得到保证。

鉴于以上所述现有技术的缺点，本申请的目的在于提供一种基于区块链的互助保险和互助保障运行方法，用于解决现有技术中互助保险和互助保障领域的信息不安全、执行不公平、运行成本高等问题。

本申请运行成本低，将信息存储于区块链中，信息存储的安全性能高，且通过智能合约自动获取赔偿额，排除人为因素，确保执行公平。

【具体实施方式】

本申请的基于区块链的互助保险和互助保障运行方法包括以下步骤：

S11：将预设的核心内容和预设的规则写入一个智能合约中，具体实现时在以太坊虚拟机（EVM）上使用 Serpent 高级语言编写完成。Serpent 是一种用来编写以太坊合约（Ethereum Contract）的高级编程语言。

S12：接收注册用户的注册信息，并将注册信息保存至所述区块链中。区块链的类型一般有公链、私链及联盟链。公链放在以太坊或比特币交易信息上，完全公开，所有人可以访问和查询。私链则由公司自行搭建区块链服务器，成本高，不具有提升公信力的作用，主要用于分布式存储解决方案。联盟链为几家公司共建的私有区块链，能够解决这几家公司之间的互相信任的问题，目前主要用于解决银行间数据交互的痛点。

从提高公信力的需求出发，公链是真正有意义的方案，不过因为它完全公开可查的特性，需要将数据加密后再存储到区块链上，从而能够保护用户的隐私信息。所以，在本实施例中，所述区块链的类型优选为公链。

S13：获取所述注册用户的缴费信息，并将所述缴费信息存入所述区块链中；优选地，在将所述缴费信息存入所述区块链中后，还用于向所述注册用户发送个人密钥，以供所述注册用户通过所述个人密钥对保存于所述区块链中的信息进行查看。

S14：当从所述网络平台中接收到所述注册用户的赔付申请时，从所述网络平台中获取所述注册用户的信息，并将从所述网络平台中获取的所述注册用户的信息与所述区块链中保存的注册信息进行交叉验证。

S15：当所述交叉验证通过时，将所述赔付申请写入所述智能合约中，并根据所述预设的规则输出相应的赔偿额度。

【权利要求】

1. 一种基于区块链的互助保险和互助保障运行方法，其特征在于，所述方法运行于预设的网络平台中。所述方法包括：

将预设的核心内容和预设的规则写入一个智能合约中，所述预设的核心内容至少包括以项目下中的一种：最低加入金额、每次均摊金额规则及最高互助金额；

接收注册用户的注册信息，并将注册信息保存至所述区块链中；

获取所述注册用户的缴费信息，并将所述缴费信息存入所述区块链中；

当从所述网络平台中接收到所述注册用户的赔付申请时，从所述网络平台中获取所述注册用户的信息，并将从所述网络平台中获取的所述注册用户的信息与所述区块链中保存的注册信息进行交叉验证；

当所述交叉验证通过时，将所述赔付申请写入所述智能合约中，并根据所述预设的规则输出相应的赔偿额度。

（二）案例分析

本申请请求保护一种基于区块链的互助保险和互助保障运行方法，该方法将预设的规则写入智能合约中；在区块链中存储用户的注册信息和缴费信息，当用户申请赔付时，将从网络平台获取的用户信息与区块链中保存的注册信息进行交叉验证；验证通过时，将赔付申请写入智能合约中，并根据预设的规则输出相应的赔偿额度。可见，该方案并非单纯对区块链组件、协议及算法本身的改进，而是区块链在保险赔付过程中的具体应用。因此，权利要求1请求保护的解决方案不属于《专利法》第25条第1款第（二）项规定的智力活动的规则和方法，需进一步判断该解决方案是否构成技术方案。

权利要求1请求保护一种基于区块链的互助保险和互助保障运行方法，为了解决提高保险领域信息的安全性以及防止保障规则被篡改的技术问题，利用区块链来存储相关信息，利用智能合约存储预设规则并对存储的信息进行验证等，通过上述技术手段，可以获得防止信息和规则被篡改、编造、虚构的技术效果。因此，上述权利要求请求保护的解决方案构成《专利法》第2条第2款规定的技术方案，属于专利保护客体。

（三）案例启示

对于涉及区块链应用的发明专利申请，由于去中心化、防止存储的信息被篡改是区块链技术本身所解决的技术问题和由此获得的技术效果，因此，如果请求保护的解决方案仅是对已有区块链技术的直接利用，例如，仅利用区块链存储保险相关信息，从而形成一种基于区块链的保险保障方法，仅利用区块链存储医疗数据、从而形成一种基于区块链的医疗数据保全方法，由此形成的解决方案虽然涉及了区块链技术的多种应用，但是，这种应用场景的不同仅仅是区块链存储的信息对象的不同，方案整体上相较于现有技术中的区块链技术没有任何技术上的贡献，那么，此类涉及区块链应用的发明专利申请即便构成技术方案，也难以具备创造性。

就该案而言，虽然权利要求 1 请求保护的解决方案构成技术方案，但是通过检索到的现有技术可知，当其与现有技术的区别仅在于所存储的信息不同时，上述权利要求记载的方案并不具备创造性。具体案例分析部分可参见本书第三章第二节。

第六节　指南解读及难点辨析

一、机器学习是否能提升计算机内部性能

计算机内部性能是指计算机作为一个可以适用不同应用目的、运行不同应用软件的机器而固有的性能，如处理器速度、内存容量、运算能力、吞吐量及外部设备的扩展能力等。计算机内部性能的改善可能是由程序算法本身的优化带来的效果，也可能是算法相关特征作用于计算机内部结构、计算机组成结构或者资源配置方面的优化带来的效果，前者与计算机系统各组成部分并未产生技术上的关联，因而仍然不属于改善计算机内部性能的技术方案。

例如，现有方案采用冒泡排序算法进行数据处理，新的方案使用归并排序算法来替代冒泡排序算法，从而使得数据处理的时间效率得以提升。由于归并排序算法基于先分组再合并的方式进行数据排序，其时间复杂度低于冒泡排序算法，因此，该方案在数据处理速度方面的性能提升仅仅是由算法本身的优化带来的，属于数学意义上的算法优化，算法相关特征并未与计算机系统内部结构产生技术关联，因而不满足专利保护客体的要求。

当算法与计算机设备的体系结构、内部构件及软硬件资源配置等因素相结合，针对计算机系统各项性能参数提出改进方案时，计算机系统不再单纯地作为程序运行的载体，算法与计算机系统之间就产生了技术上的关联。例如，一种用于分布式存储系统的负载均衡算法，涉及存储系统的吞吐量、数据来源、

各个存储节点的存储容量、存储介质的读取速度等技术指标。又如，一种提高内存使用效率的页面调度算法，涉及访问速度、数据热度、内存容量、页面大小等技术参数。算法相关特征在整体方案中发挥出技术作用时，整体方案才可能符合专利保护客体的要求。

■ 案例 24：机器学习中涉及的算法

（一）案情介绍

【发明名称】
一种基于半监督学习的支持向量机分类器训练方法

【背景技术】
在机器学习领域，为了训练一个具有良好分类性能的分类器，需要用大量的已标注样本来参与训练。但是样本的标注工作枯燥无味，且需要耗费人们大量的时间与精力，这使得通过人工标注来获得标注样本的代价昂贵。为了克服这一难题，专家们提出了半监督学习技术。半监督学习是一个循环迭代的过程，具体可分为以下几类：自训练半监督学习、以生成式模型为分类器的半监督学习、直推式支持向量机半监督学习、基于图的半监督学习和协同训练半监督学习。

自训练半监督学习的一般流程为：

（1）用少量初始已标注样本训练一个初始分类器；

（2）用分类器对未标注样本进行分类；

（3）从未标注样本集中寻找分类置信度高的样本；

（4）由机器为这些高置信度的未标注样本自动标注；

（5）将标注后的高置信度样本加入分类器的训练集中，并用更新后的训练集重新训练分类器；

（6）检查是否满足停止准则，不满足则返回（2），进入下一轮循环；满足则停止迭代，输出训练好的分类器。

【问题及效果】
在半监督学习中，采样分类置信度高的样本能确保在机器自动标注时不至于引入太多的标注错误，但是高置信度的样本未必是有用的样本，尤其是对于支持向量机（Support Vector Machines，SVM）这种判别式分类器来说。对 SVM 分类器来说，那些远离当前分类面的样本的分类置信度较高。然而，仅是分类置信度高还不够，还希望样本在保证高置信度的同时，其信息含量也要大。所谓信息含量大，是指样本对分类训练来说是有用的样本，其对分类器训练的贡献度大。基于此，本申请在高置信度的基础上进一步挖掘样本的信息量，提出一种新的基于半监督学习的支持向量机分类器训练方法，用于对那些远离当前分类面的高置信度样本进一步挖掘其信息量，然后挑选那些置信度高且信息量大的样本，由机器自动标注后放入已标注样本集中重新训练分类器，以达到大幅度减少人工标注的工作量、加快 SVM 分类器的收敛、提高 SVM 分类器的分类性能的目的。

【实施方式】

本申请提供的基于半监督学习的支持向量机分类器训练方法具体包括六个步骤：（1）用初始已标注样本集训练一个初始 SVM 分类器；（2）从未标注样本集 U 中寻找分类置信度高的样本，组成高置信度样本集 S；（3）对高置信度样本集 S 中的每个样本，判断其信息量大小，如果信息量小则将其从高置信度样本集 S 中移除，并重新放回未标注样本集 U 中；（4）将 S 中置信度高且信息量大的样本由机器自动标注后加入 SVM 分类器的已标注样本集 L 中；（5）用更新的已标注样本集 L 重新训练 SVM 分类器；（6）根据停止准则判断是退出循环还是继续迭代。

其中，步骤（1）采用基于聚类的采样法来选择样本，生成初始已标注样本集。基于聚类的采样法是指首先对所有未标注样本进行聚类，得到若干个簇，然后从每个簇中选择距离质心最近的样本进行人工标注，形成一个已标注样本集。使用该已标注样本集训练初始 SVM 分类器。

步骤（2）支持向量机分类器在每轮迭代训练过程中会不断更新，进而得到新的分类面，把当前这轮迭代后生成的新分类面称为当前分类面。对 SVM 分类器来说，那些远离当前分类面的样本的分类置信度较高。为此，可以设定一个阈值 d_{th}，规定那些距离当前分类面距离大于阈值 d_{th} 的样本是高置信度样本。

步骤（3）判断样本信息量大小的方法如下：①从整个样本集（包括已标注样本集 L 和未标注样本集 U）中寻找当前分类面的 K 个最近邻样本 $x_1, x_2, \cdots, x_K$，并求此 K 个样本到当前分类面距离的平均值，记为 Ad1；②对高置信度样本 x_i，为其添加预测类标签后将其放入已标注样本集 L 中；③用更新的已标注样本集 L 重新训练 SVM 分类器；④用 SVM 分类器对已标注样本集 L 中的人工标注样本进行分类；⑤观察 SVM 分类器对人工标注样本的分类是否出现错误，出现分类错误则认为 x_i 的信息量小，将其从 S 中移除，并重新放回未标注样本集 U 中；⑥在⑤中如果没出现分类错误，则从整个样本集（包括已标注样本集 L 和未标注样本集 U）中寻找当前分类面的 K 个最近邻样本，并求此 K 个样本到当前分类面距离的平均值，记为Ad2；⑦观察⑥中的 K 个最近邻样本中是否既包含正类样本也包含负类样本，而且满足 Ad2>Ad1，不是的话则认为 x_i 是信息量小的样本，将其从 S 中移除，并重新放回未标注样本集 U 中；⑧当在⑤中没有出现分类错误，同时在⑦中，K 个最近邻样本中既包含正类样本又包含负类样本，而且满足 Ad2>Ad1 时，则认为 x_i 是信息量大的样本，将 x_i 保留在 S 中；⑨将分类器恢复到重新训练之前的状态。

经过步骤（3）后，S 中的剩余样本不但置信度高，而且信息量大，将 S 中的样本交由机器自动标注后，将其放入已标注样本集 L 中。

步骤（6）判断是否满足停止准则，满足则退出循环，输出训练好的 SVM 分类器；不满足则转入步骤（2），进入下一轮迭代。停止准则有多种设置方法，本实施例采用的是最大迭代次数法，即设定迭代次数的最大值，当迭代次数达到此最大值时则停止迭代。

【权利要求】

1. 一种基于半监督学习的支持向量机分类器训练方法，其特征在于，包括如下步骤：

步骤 1，用初始已标注样本集训练一个初始 SVM 分类器；

步骤 2，用 SVM 分类器从未标注样本集 U 中寻找距离分类面大于第一阈值的样本，组成高置信度样本集 S；

步骤 3，对高置信度样本集 S 中的每个样本，添加预测标签后重新训练 SVM 分类器，用重新训练的 SVM 分类器对初始已标注样本集的样本进行分类。如果分类错误，则表示其属于信息量小的样本，将信息量小的样本从高置信度样本集 S 中移除，并重新放回未标注样本集 U 中；

步骤 4，将高置信度样本集 S 中置信度高且信息量大的样本由机器自动标注后加入 SVM 分类器的已标注样本集 L 中；

步骤 5，用更新的已标注样本集 L 重新训练 SVM 分类器；

步骤 6，根据停止准则判断是退出循环还是继续迭代。

（二）案例分析

权利要求 1 请求保护的方案涉及一种机器学习过程中的支持向量机分类器训练方法，通过选择置信度高且信息量大的样本重新训练分类器，以加快分类速度、提高分类性能。

对于该案而言，判断难点在于：（1）机器学习是否属于技术领域，对机器学习涉及的相关算法进行性能优化是抽象的数学方法，还是可理解为是该算法在机器学习领域的具体应用；（2）改进机器学习算法的相关申请是否属于对计算机系统内部性能带来改进的方案。

机器学习专用于研究计算机怎样模拟或实现人类的学习行为，在教导计算机进行学习的过程中，通过优化各种学习算法来提升计算机的学习能力。当计算机具备一定的学习能力后，即可用来解决诸如故障诊断、疾病诊断、图像识别、博弈等领域的问题。由于机器学习针对的对象是计算机，且说明书中多有关于提升计算机学习能力、提高准确性、降低运算量之类的效果表述，因此在审查实践中，一旦在说明书或权利要求中出现"机器学习"字眼，就容易"一刀切"地认为该解决方案由于涉及机器学习领域或因能够改善计算机内部性能，所以属于专利保护客体。

首先，机器学习是一门多领域交叉学科，涉及概率论、统计学、逼近论、凸分析、算法复杂度理论等多门学科。机器学习的理论基础包括心理学、生物学和神经生理学以及数学、自动化和计算机科学。机器学习是人工智能的核心，其应用遍及人工智能的各个领域，如专家系统、认知模拟、规划和问题求解、网络信息服务、图像识别、故障诊断、自然语言理解等。更为重要的是，机器学习涉及多种算法，如回归、贝叶斯、人工神经网络、聚类、关联学习算法等。显然，作为使计算机具备解决人工智能各领域的具体问题的基础性研究学科，机器学习不像机械加工、图像处理等传统意义上的技术领域一样，可以直接被视为"技术领域"。因此，不能仅因某解决方案涉及机器学习或者说明书中提及该申请涉及机器学习领域，就认为该解决方案不属于抽象的算法，而是需要结合具体案情，整体分析该解决方案是仅涉及机器学习相关算法本身优化的抽象方法，还是确实能够通过优化该算法使计算机内部性能得到改进的技术方案。

其次，对于涉及机器学习的算法相关发明专利申请，在判断其解决方案能否使计算机系统的内部性能得到改进时，审查的重点在于判断方案中的算法特征与计算机系统内部结构之间是否存在特定的技术关联，只有在这种特定技术关联上做出的改进，才被认为是给计算机系统内部性能带来的改进。

就本申请而言，该训练方法为了避免现有的半监督训练方法中由于仅考虑高置信度的样本进行训练导致的分类性能不高的缺陷，将信息量引入半监督训练中，并利用训练样本的选择、计算、标注、移除等对支持向量机模型进行初始训练、重新训练，并最终得到支持向量机分类器。该方案不涉及任何应用领域，其中处理的训练样本都是抽象的通用数据，利用训练样本的置信度和信息量对支持向量机模型进行初始训练、重新训练等处理过程是一系列抽象的数学方法步骤，最后得到的结果也是抽象的通用分类数学模型。综上所述，该方案不涉及任何应用领域，仅仅是抽象的机器学习算法本身，通过对样本集的数学运算得到一个可以对集合元素进行分类的模型，其处理对象、过程和结果都是通用数据，属于对抽象的数学方法本身的优化，因此属于《专利法》第25条第1款第（二）项规定的智力活动的规则和方法，不属于专利保护的客体。

同时，根据当前权利要求记载的内容不难看出，方案中的算法特征与计算机系统内各组成部分之间不存在任何技术上的关联，在计算机上运行该算法不会使计算机系统内各组成部分在设置或调整方面有何技术上的改进。该解决方案所要实现的"提高分类性能"的效果，是通过改进算法直接获得的，而并非直接作用于计算机系统的内部结构，通过对计算机系统各组成部分的一系列设置或调整，来实现计算机运算性能的改进。换言之，执行各类简单或复杂数学算法是通用计算机的固有性能，本申请的解决方案并非旨在使原本不能运行分类器训练算法的计算机具备新的处理能力，而是仅仅利用计算机固有的数据运算能力来执行分类器训练的改进算法。由此，该权利要求记载的解决方案仅涉及对分类器训练算法本身的优化和改进，与计算机系统内部结构并无特定关联，这种运算精度的改进类似于数学简化方法带来的改进，与使用何种设备无关。因此，该案请求保护的解决方案不属于改善计算机系统内部性能的技术方案。

（三）案例启示

对于包含算法模型的解决方案，要客观分析该方案是抽象的数学方法还是算法在具体领域的应用。如果方案仅仅是对抽象的数学方法本身的优化，那么由于该方案没有解决任何具体的应用领域问题，而仅是抽象的数学方法本身，所以属于智力活动的规则和方法的范围，适用《专利法》第25条第1款第（二）项，不属于专利保护的客体。

对于涉及算法相关发明专利申请，审查中在判断其解决方案能否使计算机系统的内部性能得到改善时，要注意判断方案中的算法特征与计算机系统各组成部分之间是否存在特定的技术关联，只有在这种特定技术关联上做出的利用了自然规律的改进，才被认为是按照自然规律完成对该计算机系统各组成部分实施一系列设置或调整，获得符合自然规律的计算机系统内部性能改进效果。

■ 案例 25：包含技术特征的机器学习方法与系统

（一）案情介绍

【发明名称】

生成机器学习样本的组合特征的方法及系统

【背景技术】

随着海量数据的出现，人工智能技术得到了迅速发展，而为了从大量数据中挖掘出价值，需要基于数据记录来产生适用于机器学习的样本。这里，每条数据记录可被看作关于一个事件或对象的描述，对应于一个示例或样例。在数据记录中包括反映事件或对象在某方面的表现或性质的各个事项，这些事项可称为"属性"。

如何将原始数据记录的各个属性转化为机器学习样本的特征，会对机器学习模型的效果带来很大的影响。事实上，机器学习模型的预测效果与模型的选择、可用的数据和特征的提取等有关。也就是说，可通过改进特征提取方式来提升模型预测效果。反之，如果特征提取不适当，则将导致预测效果的恶化。

【问题及效果】

在确定特征提取方式的过程中，往往需要技术人员不仅掌握机器学习的知识，还需要对实际预测问题有深入的理解，而预测问题往往结合着不同行业的不同实践经验，导致很难达到满意的效果。特别地，在将不同特征进行组合时，一方面，难以从预测效果方面把握将哪些特征进行组合，另一方面，从运算效率方面考虑，也难以有效地筛选出特定的组合方式。综上所述，现有技术难以将特征进行自动组合。

本申请旨在克服现有技术难以对机器学习样本的特征进行自动组合的缺陷。在根据本申请示例性实施例的生成机器学习样本的组合特征的方法及系统中，通过特定方式的预排序和再排序从每一轮迭代中生成的组合特征中筛选出一部分，以最终形成机器学习样本的组合特征集，从而可在使用较少运算资源的情况下有效地实现自动特征组合，提升机器学习模型的效果。

【实施方式】

本申请示例性实施例的生成机器学习样本的组合特征的系统框图如图 2-6-1 所示。图 2-6-1 所示的系统包括数据记录获取装置 100 和特征组合装置 200。

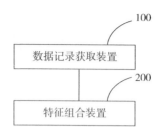

图 2-6-1　生成学习样本的组合特征系统框

图 2-6-2 为根据本申请示例性实施例的特征组合装置的框图。特征组合装置 200 可包括候选组合特征生成单元 210、预排序单元 220 和再排序单元 230。

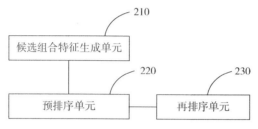

图 2-6-2　特征组合装置框

本申请提供的一种生成机器学习样本的组合特征的方法如图 2-6-3 所示：

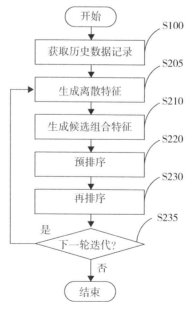

图 2-6-3　生成机器学习样本的组合特征方法

如图 2-6-3 所示，在步骤 S100 中，由数据记录获取装置 100 获取历史数据记录，其中，所述历史数据记录包括多个属性信息。在步骤 S205 中，由候选组合特征生成单元 210 基于历史数据记录的属性信息来生成至少一个离散特征和/或至少一个连续特征，并将生成的连续特征转换为离散特征。在如上生成了用于生成组合特征的单位离散特征之后，在步骤 S210 中，由候选组合特征生成单元 210，按照搜索策略，针对每一轮迭代生成候选组合特征。这里，由于连续特征已经被转换为离散特征，可在各个离散特征之间进行任意组合以作为候选组合特征。所述搜索策略旨在对关于组合离散特征的搜索树进行剪枝处理，以控制每一轮迭代中生成的候选组合特征数量。针对第一轮迭代，候选组合特征生成单元 210 可将在步骤 S205 生成的各个离散特征本身直接作为候选组合特征。在步骤 S220 中，由预排序单元 220 针对第一轮迭代对候选组合特征集合中的各个候选组合特征进行重要性的预排序。作为示例，第一轮迭代下的候选组合特征集合可包括在步骤 S205 生成的所有离散特征。预排序单元 220 可利用任何判断特征重要性的手段来衡量候选组合特征集合中的各个候选组合特征的重要性。在通过预排序确定了候选组合特征集合中的各个候选组合特征的重要性顺序之后，预排序单元 220 可基于排序结果从候选组合特征中筛选出至少一部分，以组成候选组合特征池。如上所述，可优先筛选在预测作用方面具有一致性的重要候选组合特征来组成候选组合特征池，以便有效地确定最终可构成机器学习样本的组合特征。例如，预排序单元 220 可根据预排序结果从候选组合特征集合中筛选出前 10 个重要性较高的候选组合特征以组成候选组合特征池。在步骤 S230，由再排序单元 230 对候选组合特征池中的各个候选组合特征进行重要性的再排序，并根据再排序结果从候选组合特征池中选择重要性较高的至少一个候选组合特征作为目标组合特征。

【权利要求】

1. 一种由计算装置生成机器学习样本的组合特征的方法，包括：

（A）接收所获取的历史数据记录，其中，所述历史数据记录包括多个属性信息；以及

（B）按照搜索策略，在基于所述多个属性信息生成的至少一个离散特征之间迭代地进行特征组合以生成候选组合特征，并从生成的候选组合特征中选择目标组合特征以作为机器学习样本的组合特征输出；

其中，针对每一轮迭代，对候选组合特征集合中的各个候选组合特征进行重要性的预排序；根据预排序结果从候选组合特征集合中筛选出一部分候选组

合特征以组成候选组合特征池；对候选组合特征池中的各个候选组合特征进行重要性的再排序；根据再排序结果从候选组合特征池中选择重要性较高的至少一个候选组合特征作为目标组合特征。

所述搜索策略旨在对关于组合离散特征的搜索树进行剪枝处理，以控制每一轮迭代中生成的候选组合特征数量。

25. 一种生成机器学习样本的组合特征的系统，包括：

数据记录获取装置，用于接收所获取的历史数据记录，其中，所述历史数据记录包括多个属性信息；以及

特征组合装置，用于按照搜索策略，在基于所述多个属性信息生成的至少一个离散特征之间迭代地进行特征组合以生成候选组合特征，并从生成的候选组合特征中选择目标组合特征以作为机器学习样本的组合特征输出；

其中，针对每一轮迭代，特征组合装置对候选组合特征集合中的各个候选组合特征进行重要性的预排序，根据预排序结果从候选组合特征集合中筛选出一部分候选组合特征以组成候选组合特征池，对候选组合特征池中的各个候选组合特征进行重要性的再排序，并根据再排序结果从候选组合特征池中选择重要性较高的至少一个候选组合特征作为目标组合特征；

所述搜索策略旨在对关于组合离散特征的搜索树进行剪枝处理，以控制每一轮迭代中生成的候选组合特征数量。

（二）案例分析

权利要求 1 记载的方案请求保护一种由计算装置生成机器学习样本的组合特征的方法，该方法由计算装置执行，接收所获取的历史数据记录，基于历史数据记录包括的多个属性信息生成离散特征，在这些离散特征之间按照搜索策略迭代地进行特征组合以生成候选组合特征，并通过特定方式的预排序和再排序从每一轮迭代中生成的组合特征中筛选出一部分，以最终形成机器学习样本的目标组合特征集并输出。由于该方法通过对组合离散特征的搜索树进行剪枝处理来控制每轮迭代中生成的候选组合特征数量，从而可在使用较少运算资源的情况下有效地实现自动特征组合，提升机器学习模型的效果。由于权利要求 1 中并未具体限定历史数据记录的含义，历史数据记录应理解为通用数据的历史数据记录。

权利要求 25 的方案请求保护一种生成机器学习样本的组合特征的系统，该系统包括数据记录获取装置、特征组合装置，上述装置均采用功能特征进行限定。其中，数据记录获取装置用于执行权利要求 1 中的步骤（A），特征组合装

置则用于执行权利要求 1 中的步骤（B）。

权利要求 1 请求保护一种由计算装置生成机器学习样本的组合特征的方法，虽然该方法处理的是应用于通用数据的机器学习相关方法，但该方法由计算装置完成，并包括了获取数据及将结果输出的步骤，并不属于抽象的数学方法，因此不属于《专利法》第 25 条第 1 款第（二）项智力活动的规则和方法。

然而，该权利要求 1 要解决的问题是筛选应用于通用数据的机器学习样本的组合特征，这显然属于数学理论问题，并非技术问题。为解决该问题，该权利要求采用了按照样本组合特征的重要性采用剪枝处理选取一定数量的组合特征进行筛选的手段，上述手段中确定样本组合特征重要性的规则及选取的数量均是人为制定的规则，上述手段与其所解决的问题之间反映的并非自然规律，上述手段并非受自然规律约束的技术手段。该权利要求通过剪枝处理控制了每轮迭代中组合特征的数量，即通过减少需要计算的数据量而获得使用较少计算资源的效果，这并非技术效果。因此，权利要求 1 请求保护的方案不构成技术方案，不符合《专利法》第 2 条第 2 款的规定，不属于专利保护客体。

虽然权利要求 1 的方法由计算装置执行，并且包括了接收数据、输出数据等技术特征，但本申请所要解决的问题并非将机器学习样本的组合特征的方法进行系统化。所述计算装置用于实现该样本特征组合的方法与该计算装置执行一般程序一样，其仅为方法实现的载体，实现本申请记载的方法不会给该计算装置的内部性能或结构带来任何技术上的改变。就权利要求 1 记载的解决方案而言，用于实现"筛选应用于通用数据的机器学习样本的组合特征"的手段是"按照样本组合特征的重要性采用剪枝处理选取一定数量的组合特征进行筛选"。即使权利要求中记载了"接收""输出"等步骤，也不会使方案整体上构成技术方案。

权利要求 25 请求保护一种生成机器学习样本的组合特征的系统，其是按照与权利要求 1 记载的方法对应一致的方式撰写的程序模块构架类的装置权利要求，基于同样的理由，权利要求 25 的方案同样未采用利用自然规律的技术手段解决技术问题，未获得符合自然规律的技术效果，因此也不构成技术方案，不符合《专利法》第 2 条第 2 款的规定，不属于专利保护客体。

对于该申请，另有观点认为："机器学习"可以认为是一个具体的技术领域，权利要求 1 记载的方案应用于"机器学习"这一具体技术领域，采用对历史数据的处理、对特征进行筛选等手段，解决了对机器学习样本的组合特征进行优选的技术问题。该权利要求采用优选的特征后，机器学习的效率更高、效果更好，并使用了较少的计算资源，提升了计算机内部性能，获得了技术效果，因此属于专利保护客体。

上述观点存在一定的误区。首先，"机器学习"不同于机械加工、图像处理等传统意义上的技术领域，不能仅因解决方案涉及机器学习或者说明书中提及该申请涉及机器学习领域，就认为该解决方案应用于具体技术领域、解决了技术问题。一个解决方案是否解决了技术问题并不能仅根据其应用于某一具体的技术领域即可判断，而是需要结合具体案情，从方案整体上进行分析，可通过分析采用的手段和解决的问题之间是否符合自然规律来帮助判断。

其次，对于涉及算法的发明专利申请，不能仅从申请文件中提及了"提高计算效率""降低计算资源占用"等就判断该方案提升了计算机内部性能，能够获得技术效果，而是应从整体上分析方案是如何获得"提高计算效率""降低计算资源占用"效果的，审查的重点在于判断方案中的算法特征与计算机系统内部结构之间是否存在特定的技术关联，只有在这种特定技术关联上做出的改进，才被认为是给计算机系统内部性能带来的改进。就该案而言，该权利要求通过在每轮迭代中采用剪枝处理控制了每轮迭代中组合特征的数量，该方法与计算机系统内部结构之间并不存在特定的技术关联，仅仅是通过减少需要计算的数据量来获得降低计算资源占用的效果，并未使计算机内部性能得到改进，不属于符合自然规律的技术效果。

(三) 案例启示

"机器学习"不同于机械加工、图像处理等传统意义上的技术领域，不能仅因解决方案涉及机器学习或者说明书中提及该申请涉及机器学习领域，就认为该解决方案应用于具体技术领域并解决了技术问题。

方案中记载有技术特征或者技术词汇，并不意味着该解决方案一定构成技术方案。例如，一种拍卖计算机的方法，并不能因为方案中记载了"计算机"，就认为该方案包含了硬件构成而武断地认为其构成技术方案。在判断一项解决方案是否构成技术方案时，应从该方案声称解决的问题出发，整体上分析用于解决该问题的手段的集合是否受自然规律约束。对于一项解决方案，仅当为解决某一技术问题采用了符合自然规律的技术手段，获得符合自然规律的技术效果时，该解决方案才构成技术方案。

■ 案例 26：模型训练方法直接作用于计算机系统

（一）案情介绍

【发明名称】

深度神经网络模型的训练方法和设备

【背景技术】

现有技术中，除了可以采用单个处理器进行深度神经网络模型的训练之外，为了加快训练速度，还可以采用多个处理器进行模型训练，并且现有技术也提供了多种采用多个处理器进行模型训练的训练方案，如基于数据并行的多处理器方案及基于数据并行与模型并行混合的多处理器方案等。

另外，在模型训练中，为了使最终训练出的模型具有较高的精准度，需要通过迭代处理的方式对模型参数进行多次更新，每一次更新过程即为一次训练过程。

例如，在对深度神经网络模型进行训练时，以一次迭代处理过程为例，先将训练数据从深度神经网络模型的首层到末层逐层地进行正向处理，并在正向处理结束后获得误差信息；然后将误差信息从深度神经网络模型的末层到首层逐层地进行反向处理，并在反向处理过程中获得需要进行模型参数更新的层的模型参数修正量；最后根据模型参数修正量对需要进行模型参数更新的层的模型参数进行更新。

【问题及效果】

在现有技术中，当进行模型训练时，会根据上一次迭代处理后模型的精准度适当地调整下一次迭代处理时训练数据的大小。也就是说，在每一次迭代处理时，训练数据的大小不是固定不变的，而是根据精准度的需求而不断调整的。对于特定大小的训练数据来说，采用特定的训练方案会加快训练速度。例如，当训练数据很小时，与其他方案相比，采用单处理器方案可以获得更快的训练速度；而当训练数据很大时，与其他方案相比，采用基于数据并行的多处理器方案可以获得更快的训练速度。

依照现有技术，如果固定地采用同一种模型训练方案进行模型训练，对于某一些大小的训练数据来说，其训练速度是比较快的，但是对于其他大小的训练数据来说，其训练速度是比较慢的。也就是说，由于固定地采用同一种训练方案不适用于所有大小的训练数据，不会达到最快的训练速度。为此，需要一种深度神经网络模型的训练方法和设备，以解决现有技术中由于固定地采用同一种训练方案对所有大小的训练数据进行训练而导致对其中一些训练数据的训练速度变慢的问题。

【实施方式】

本申请提供的一种深度神经网络模型的训练方法的主要步骤如图 2-6-4 所示。

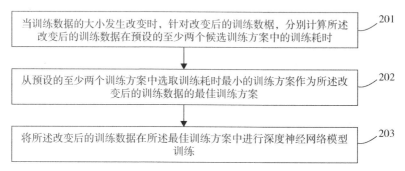

图 2-6-4　深度神经网络模型的训练方法

步骤 201：当训练数据的大小发生改变时，针对改变后的训练数据，分别计算所述改变后的训练数据在预设的至少两个候选训练方案中的训练耗时。

步骤 202：从预设的至少两个训练方案中选取训练耗时最少的训练方案作为所述改变后的训练数据的最佳训练方案。

步骤 203：将所述改变后的训练数据在所述最佳训练方案中进行深度神经网络模型训练。

通常，深度神经网络模型的训练过程包括正向处理、反向处理、模型参数修正量同步及模型参数更新四个过程。

【权利要求】

1. 一种方法，包括：

当训练数据的大小发生改变时，针对改变后的训练数据，分别计算所述改变后的训练数据在预设的至少两个候选训练方案中的训练耗时；

从预设的至少两个候选训练方案中选取训练耗时最少的训练方案作为所述改变后的训练数据的最佳训练方案；所述至少两个候选训练方案包括至少一个单处理器方案、至少一个基于数据并行的多处理器方案；

将所述改变后的训练数据在所述最佳训练方案中进行模型训练。

（二）案例分析

权利要求 1 的方案请求保护一种深度神经网络模型的训练方法，预设的候选训练方案包括至少一个单处理器方案及至少一个基于数据并行的多处理器方案，该方法从预设的候选训练方案中根据训练数据在不同的候选训练方案中的训练耗时寻找最佳训练方案，进而进行模型训练。在机器学习的训练阶段，不同数据量大小的训练集适合采用不同的系统配置，即数据量小适合单处理器，数据量大适合多处理器并行处理。

该方案并不是对机器学习算法本身的改进，而是对于不同大小的训练数据，使用不同的训练方案进行训练，计算不同训练方案的训练耗时，以确定最后的训练方案，而不同的训练方案与计算机系统（包括单处理器和多处理器）处理训练数据的时间和效率直接相关。也就是说，计算机系统内部性能的改善是基于不同的数据训练方法与处理器执行过程紧密结合产生的。

该方案解决的是固定地采用同一种单处理器或并行多处理器模型训练方案所带来的训练速度慢的问题；采用的是在利用计算机技术进行神经网络模型训练的过程中，基于不同大小的训练数据与计算机系统不同性能处理器的选择适配来实现该训练数据的训练方案的手段。该方案针对单一处理器配置训练方案训练速度慢的问题，遵循了计算机硬件的处理性能和训练数据大小之间的映射规律，实施本申请的方案可获得提高训练速度的技术效果。因此，该权利要求请求保护的方案构成技术方案，符合《专利法》第 2 条第 2 款的规定，属于专利保护客体。

(三) 案例启示

如果一种计算机系统所实施的方法，在实施的过程中按照自然规律实现对该计算机系统内部性能的改善，并获得了符合自然规律的技术效果，则该方法构成技术方案，属于专利保护客体。

二、如何理解"大数据"处理与"外部技术数据"处理

针对涉及计算机程序的发明专利申请的解决方案，《专利审查指南 2010》列举了三类属于专利保护客体的情形：
(1) 执行计算机程序的目的是实现一种工业过程；
(2) 执行计算机程序的目的是处理一种外部技术数据；
(3) 执行计算机程序的目的是改善计算机系统内部性能。

所谓"技术数据"，是指在传统意义上的那些需要通过机械、电学或化学方法进行处理的数据。而专利法意义上的"外部技术数据"则是指具有某种特定物理含义的数据。例如，在传统工业领域中，电路元件的电阻、电压、电流

等属于技术数据，机械部件的几何形状、质量、密度、重心等参数属于技术数据，图像的像素大小、灰度、饱和度等数值也属于技术数据。计算机执行程序以实现对外部技术数据的处理，属于专利保护客体。

关于"技术数据"的理解，欧洲专利局在 T1194/97 一案的判决中曾有如下论述：

"认知内容"（cognitive content）和"功能性数据"的区别，前者是人们可以认知理解的表现内容，如电影、电视图像、图画、印刷品等，基本上属于著作权的范畴，而后者则是为达成某种目的（或称之为技术问题）可供系统操作的、具有技术特征及功能性的数据，如数字电视信号、语音信号等。数字电视所呈现的画面内容为"认知内容"，这些画面是由具有功能性的数字信号组成的，必须借由相应的译码程序经由系统处理才能呈现出认知内容，如 MPEG4 和 RV（Real Video）便是对应于不同编码或译码技术的功能性数据。

上面判决中提及的"功能性数据"即可理解为《专利法》意义上的"技术数据"。

■ 案例 27：通用数据处理方法不同于通用算法本身

（一）案情介绍

【发明名称】
一种基于散点图的数据质量检测方法
【背景技术】
散点图是以一个变量为横坐标，另一变量为纵坐标，利用坐标点的分布形态反映变量统计关系的一种图形，据此可以选择合适的函数对数据点进行拟合。散点图通常用于显示和比较数值，如科学数据、统计数据和工程数据。散点图可以提供三类关键信息：（1）变量之间是否存在数量关联趋势；（2）如果存在关联趋势，是线性还是非线性的；（3）如果有某一个点或者某几个点偏离大多数点，也就是离群值，通过散点图可以一目了然，从而可以进一步分析这些离群值是否可能在建模分析中对总体产生很大影响。

【问题及效果】
当待处理的数据量不大时，常规散点图可以简单直观地表征数据关联趋势，然而在数据量巨大的情况下，由于需要显示的点太多，以常规散点图进行表征时，处理系统可能响应速度非常慢，使用不便。同时，常规的简单散点图只是展示工具，不提供交互功能，不能方便地查看数据的具体情况，也不具备数据纠错的能力。本申请提出的方案通过定义数据格 Gxy 来存储待处理的数据，并以散点图的形式来展示数据，能够根据已确定的趋势线来生成数据质量规则，进而根据该规则设定阀值，进行数据质量检测，由此实现大数据量情况下数据的展示、异常数据分析及纠错等功能。

【实施方式】

本申请提供的一种基于散点图的数据质量检测方法的主要步骤如图 2-6-5 所示。

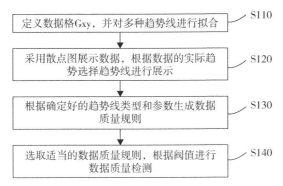

图 2-6-5　基于散点图的数据质量检测方法的主要步骤

步骤 S110：定义数据格 Gxy，并对多种趋势线进行拟合。

步骤 S120：采用散点图展示数据，根据数据的实际趋势选择趋势线进行展示。

步骤 S130：根据确定好的趋势线类型和参数生成数据质量规则。

步骤 S140：选取适当的数据质量规则，根据阀值进行数据质量检测。

在本申请中，为了解决简单散点图只能表征少量数据的分布形态，且当简单散点图展示数据量巨大时无法在一个图形中展示出所有的点的问题，对散点图进行扩展，扩展后的散点图中的某一个点所代表的含义将不再是一个原始的记录点，而是满足一定条件的所有记录点的集合，本申请中称所述集合为数据格 Gxy。为了更好地展示数据，在本申请中首先对数据源进行读取，并分析存储的数据，以便修正 X 轴展示刻度，确定保留的有效展示刻度中蕴含足够的信息，并以散点图形式展示。基于确定的趋势线函数产生数据质量规则，并利用所述规则检测异常数据，完成数据质量的检测。

【权利要求】

1. 一种基于散点图的数据质量检测方法，其特征在于，所述方法包括以下步骤：

定义数据格 Gxy，并对多种趋势线进行拟合；其中，通过设定散点图所在坐标系中横纵坐标值的范围，将散点图中坐标值落入设定范围内的点的集合作为所述数据格 Gxy；

采用散点图展示数据，根据数据的实际趋势选择趋势线进行展示，在散点图上显示趋势线的种类，根据数据实际趋势进行选择，当拟合出的趋势线参数不满足当前数据显示时，手动调整趋势线的参数，其中，调整方式是在散点图中直接修改趋势线公式；

根据确定好的趋势线类型和参数生成数据质量规则；

选取适当的数据质量规则，根据阀值进行数据质量检测。

（二）案例分析

本申请权利要求 1 共包括四个步骤。第一个步骤完成对原始记录点数据的处理，通过对无法用常规简单散点图直接表征的大量原始数据进行处理，以数据格代替记录点的显示，实现了对待展示数据的"压缩"。基于第一个步骤，原来无法以简单散点图展示的数据可以用常规散点图显示表征和展示，因此第二个步骤中能够实现在所展示的散点图上加入人机交互的操作，得以提高确定合理趋势线的效率。第三个步骤和第四个步骤在前述步骤的基础上实现了对异常数据的检测。由此可见，本申请与现有散点图主要的差异在于第一个和第二个步骤。

权利要求 1 请求保护的方案包括一系列对计算机外部数据的处理步骤，方案本身涉及一种数据处理的方法，并未限定任何具体应用领域，说明书中也不存在相关记载，因而可能对其是否属于专利保护客体存在疑惑。

首先，就本申请而言，虽然从权利要求书撰写形式来看，其请求保护的方案中没有具体限定用于处理何种数据，也没有明确记载所处理的数据代表的含义，似乎与涉及通用算法本身的方案有类似之处，但是，分析权利要求限定的方案实质，不难发现其区别于数学算法本身的关键在于：整体方案体现了如何利用计算机的可视化技术来完善和改进散点图这种数据统计工具。因此，该方案利用计算机分析、处理、展示数据，并借助计算机可视化的技术手段调整数据，体现了数据处理与计算机技术的关联性，是对散点图统计分析功能的完善和改进。由此可见，数据处理方法不同于数学算法本身。

其次，权利要求 1 中虽然没有明确限定其处理的是何种数据，然而该方案中，数据格的大小与纳入其中的数据量直接相关，而数据量则直接体现为二维坐标系中数据的展示密度、分散程度等，这些因素实质上决定了计算机显示器件中所展示的图形要素。因此，定义数据格、手动调整参数等相关特征虽然涉及用户对数据范围的设置，但是这些特征与计算机对数据的处理和显示功能密切关联，因而受图像处理和显示技术相关的自然规律约束，具备技术性。类似于 EXCEL、SAS 等通用数据处理软件在数据处理能力方面的改进，由于其优化和改善的是软件在计算机上运行时的处理性能，其目的是使计算机在运行该软件执行数据处理方法时，在数据的显示、加载、处理、存储过程中改善各方面性能，如提高处理速度、提升处理效率、节约资源等，所以整体方案解决了现有散点图只能处理少量数据且无法进行异常数据分析和纠错的问题，属于技术问题。该方案采用了定义数据格、手动调整参数等技术手段，达到了扩展显示点、检测异常数据的技术效果。因此，该案请求保护的方案构成技术方案，符合《专利法》第 2 条第 2 款的规定，属于专利保护的客体。

（三）案例启示

被处理数据是通用数据还是有特定物理含义的数据不是判断该方案是否属于专利保护客体的依据。尽管本申请中的处理对象是未限定领域的通用数据，但整个方案对散点图统计分析功能的完善和改进并非来自数学算法自身的改进，而是基于计算机可视化技术，对数据的显示、加载、处理、存储过程进行优化，其中利用了遵循自然规律的技术手段，解决了相应的技术问题，并获得了相应的技术效果，因而构成技术方案。

■ 案例 28：大数据处理技术是否能构成技术方案

（一）案情介绍

【发明名称】
基于语义网的大规模离线数据分析框架
【背景技术】
随着新一代信息技术的成熟，物联网、移动互联及云计算概念逐渐被个人和企业所接受，大量的数据和信息每天以 PB 级的数量在增长，如何对大数据进行处理、分析并获取有价值的信息成为各大机构和公司研究的重点。大数据是新时代背景下企业重构价值链、挖掘潜在经济增长点及带动自主创新的重要资源。大数据的研究涉及各个领域，如交通、医疗、金融、互联网、公共管理、工业及高校科研等。

随之而来的，大数据资源的处理和分析也成为了重要的研究课题。大数据的特征包括：维度灾难，即大量不同类型的数据为数据分析带来了困难，传统的分析方法难以处理高维度的数据集；领域交叉，即随着数据资源爆炸式的增长，大数据分析逐渐趋向于结合交叉领域的数据资源，需要分析人员具有全面的领域知识；数据结构复杂，即随着社交网络、图片及对生产记录数据的使用，大量非结构化数据的存储处理和分析给数据分析系统带来挑战；数据关系隐含，即井喷式的高维度数据使分析人员难以掌握大量数据背后的意义，而大量数据中隐含的关系极大地影响分析结果的有效性；数据变化快速，即大量电子设备以毫秒级的速度产生数据，向数据存储与管理提出了新的要求；数据源不固定，即大数据环节下大量资源难以实现永久性的存储，面对不断产生变化和再存储数据源，信息系统如何应对快速切换和不断变化的数据源是所有企业面对的问题；价值密度低，由于存在海量数据，尤其是传感数据，因此数据量大但价值却不高。

【问题及效果】

现有的数据系统对大数据资源的处理存在困难，主要体现在：

（1）数据获取类型僵化。传统的数据分析系统通过构建数据仓库及数据立方体便于后期的数据处理分析。但这种架构的分析系统扩展性差，难以应对不断改变和增加的数据类型，而数据仓库的构建消耗时间，难以捕捉快速的数据变化，使数据分析失去了价值；

（2）数据存储割裂。因同一领域中存在各种不同的数据采集设备，导致原始数据在空间上存储于不同的物理地址中，同时，同一类型数据也没有进行标准化存储处理，给数据检索和计算带来很大困难；

（3）数据追溯困难。数据采集过程中，除了采集设备本身所限定的数据之间的关系外，大多数数据之间没有设定明确的逻辑关系，导致数据分析时需要根据不同的查询和计算任务重复配置，而分离存储的数据资源对查询数据的出处和相关信息造成了阻碍；

（4）数据存储同质异构。众筹制的数据资源导致大量数据虽然表达和存储结构不同，但却表示同一种数据资源。数据的采集和集成过程多样化，且不同采集部门只关注其本身的数据需求，因此，同一领域中不同部门采集的数据具有很强的语义歧义性，导致信息交换困难，无法重用。

因此，新的数据资源环境需要一种新的可扩展、易于数据组织和管理的大数据分析框架，增强企业对数据的应用和分析能力，最大限度地提升数据的运用价值。

【实施方式】

本申请实施例的基于语义网的大规模离线数据分析框架的结构框图如图2-6-6所示：

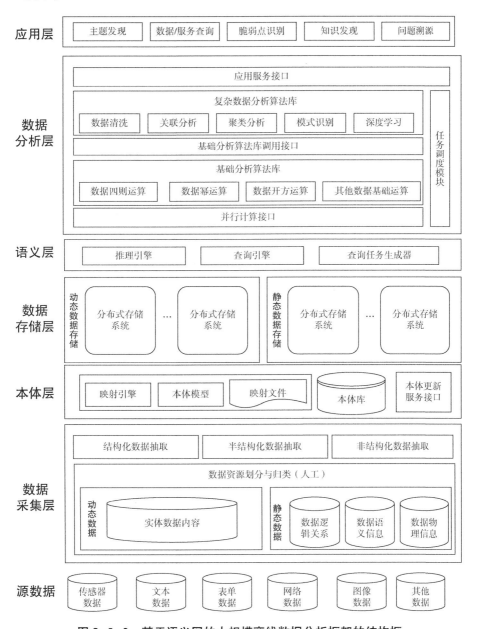

图2-6-6　基于语义网的大规模离线数据分析框架的结构框

以数据存储层为中心将分析框架分为上下两部分，下层为数据存储和整合部分，主要进行本体构建、RDF 生成和大数据存储等工作，上层为应用实现部分，主要进行应用请求、大数据计算、语义查询和结果展示等工作。上层部分共包含了 18 个主要流程，下层部分共包含了 9 个主要流程，图中序号代表动作发生的顺序。

本实施例以 Hadoop 平台为例，数据存储分为 RDF 数据存储和源数据存储，RDF 数据由本体生成的实例数据及非结构化数据和半结构化数据存储于 Hbase 数据库中，结构化数据以大表的形式存储于 Hive 数据库中。基于语义网数据分析框架的数据分析模块如图 2-6-6 所示。整个调用流程涉及框架的应用层、数据分析层、语义层和数据存储层，共 18 个总体流程。具体步骤如下：

（1）应用层用户根据需求向下层发出应用请求选择；

（2）平台收到请求后对用户输入进行解析，利用分析任务匹配模块匹配并初始化分析任务或查询任务；

（3）该指令将传入任务调度模块，选择对应的复杂数据分析算法的调用流程并给予响应，提供算法调用服务；

（4）指令首先要抽取底层的数据资源，任务调度模块根据查询任务将查询约束条件传递给语义层的推理引擎，匹配是否有对应的数据资源，并将结果返回给任务调度模块；

（5）如果不存在数据资源则直接通过流程（1）～（3）返回给用户，若存在则进一步生成解析模型，将匹配后的解析模型传递给生成查询计划模块；

（6）在本体模型的支撑下将对应的本体信息传递给 ARQ 查询；

（7）ARQ 指令用于查询存储在 HBase 中的 RDF 数据；

（8）通过 HMater 主机将查询任务转换为适于分布式数据库查询的指令；

（9）在获取了具体 RDF 数据后，将与查询任务有关的有效的数据表地址信息返回给任务调度模块；

（10）返回查询数据表信息，任务调度模块将数据表地址和分析任务需要的参数传递给大数据表如 Hive 和 HBase 数据库，查询动态大数据资源；

（11）返回查询的数据结果；

（12）任务调度模块根据步骤（3）的需要生成复杂数据分析算法库指令序列，提取对应的算法模型；

（13）复杂算法库包含大量基础分析算法，在完成一步计算后返回计算结果及基础分析算法库指令序列；

（14）根据序列调用基础分析算法计算模型；

（15）返回计算结果给任务调度模块；

（16）流程（4）～（15）是一个循环进行的流程，取决于分析数据的规模和算法的复杂度；获得最终结果后任务调度模块将最终的数据结果传递给服务接口；

（17）服务接口将数据打包给前端；

（18）由用户选择合适的可视化模型，完成平台整个大数据分析流程。

【权利要求】

1. 基于语义网的大规模离线数据分析框架，其特征在于自下而上分为数据采集层、本体层、数据存储层、语义层、数据分析层和应用层，其中：

源数据是平台外部数据，用于平台分析和处理，以集中或分布式存储于其他数据库或其他平台内；包括传感器数据、文本数据、表单数据、网络数据、图像数据和其他数据，所述源数据分为动态数据和静态数据；动态数据为快速产生变化的数据，该类数据通常产生时间间隔较短，占用大量的数据存储空间；静态数据产生时间间隔相对较长，是针对不同类型和来源的基础数据，包括数据逻辑关系、数据物理信息和数据语义信息；

数据采集层包括结构化数据抽取、半结构化数据抽取、非结构化数据抽取和人工数据资源划分与归类；将企业或所有潜在的源数据进行人工划分与归类，用于构建本体库，结构化数据抽取、半结构化数据抽取、非结构化数据抽取主要是为了根据不同的数据类型，结合本体库对相应类型的数据进行统一的处理，为数据存储层提供数据抽取服务；数据采集层通过人工识别或编写识别函数对源数据中的数据逻辑关系、数据语音信息和数据物理信息三类静态数据进行识别，以电子文档或记录的形式存储，静态数据通常为结构化数据；同时对实体数据内容，即存储在数据库或其他平台内大量的动态数据进行人工识别，主要针对动态数据的结构、类型、大小及存储方式，动态数据包括了结构化、半结构化和非结构化类型，根据不同数据库和外部平台的结构基于本体层编写不同的接口 API，进行结构化数据抽取、半结构化数据抽取和非结构化数据抽取，并存储于数据存储层中；

本体层主要进行本体库的构建，主要包括本体模型的建立、映射文件的编写及实现本体模型的更新，本体层一方面将本体实例化数据存入数据库中，另一方面为语义层的语义检索提供支撑；基于语义网的数据整合，首先对源数据进行标识，然后将数据映射为 RDF 三元组形式，最终生成本体库并支持 SPARQL 查询；本体层主要根据静态数据利用 protégé 软件构建本体模型生成本体库，D2R 引擎包括映射引擎、本体模型和映射文件，通过本体模型由人工、半自动或全自动的方式生成映射文件，映射文件主要是源数据的物理信息和存储层存储单元的物理信息的映射关系，映射引擎内嵌在数据采集层的数据抽取模块内，本体更新服务接口独立存在于本体层，主要用于本体库的更新；

数据存储层将采集到的动态数据和静态数据存储到分布式存储系统中，静态数据可以采用结构化的数据库如 Hbase，动态数据存储在如 Hive、HDFS 等数据库中；对于大数据分析来说，一般分布式存储系统采用主或从架构，主节点为管理节点，负责记录数据存储位置等信息；从节点为数据节点，是数据真正的物理存储位置；

语义层主要面向大数据查询进行设计，包括查询与推理任务的生成、查询代理、查询引擎、推理引擎等模块，语义层主要接收来自用户的请求，并根据语义解析和推理功能将请求转化为查询任务，然后调用查询引擎进行大数据查询，最终将结果传给数据分析层，便于后续的大数据计算；语义层将下层模块封装并以接口 API 的方式为上层服务，上层应用通过 API 首先访问语义层的查询任务生成器，将查询任务转换为本体的 SPARQL 语言，通过推理引擎和查询引擎查询本体库，并返回相应的静态数据内容和动态数据的物理信息；

数据分析层根据不同的大数据分析需求提供分析算法，该层对上以服务接口的模式为用户的应用开发提供支持，对下利用并行计算接口从底层调用数据；该层主要通过任务调度模块来对分析任务进行调度，协调分析任务的进度，其中利用基础分析算法库和复杂数据分析算法库对不同的算法进行封装，增强整个系统的二次开发能力和扩展性；数据分析层由任务调度模块实现该层其他模块与上下层模块的信息交互；应用服务接口提供 API 将用户的分析任务转换为算法指令，调用复杂数据分析算法库，复杂数据分析算法库包括了大量独立的数据分析算法，并利用基础分析算法库调用接口 API 实现对基础分析算法库的调用，并行计算接口 API 用于抽取数据层数据并在并行环境下进行计算；应用层则以 Web、应用程序或 APP 的模式为普通用户提供独立化的分析应用服务；

利用数据分析层计算出的结果，以服务的形式为用户提供大数据分析服务，根据各用户不同的需求可以调用一个或多个分析模块完成分析任务，同时可以在数据分析层增加新的计算模块来满足新的需求；用户既可以进行服务请求，也可以根据自身实际需求开发新的服务，并基于本框架进行大数据分析。

（二）案例分析

权利要求 1 的方案中试图保护一种基于语义网的大规模离线数据分析框架，

其自下而上分为数据采集层、本体层、数据存储层、语义层、数据分析层和应用层，在方案中对各功能层的构成及功能进行了明确限定，因此判断该权利要求的方案是否属于授权客体的关键在于正确理解该方案中数据分析框架中各功能层的处理过程。

该方案要求保护一种数据分析框架，其中明确限定了每一层中通过计算机执行的对数据进行处理的若干步骤，如数据采集、数据存储、数据映射、数据分析等。可见，权利要求 1 请求保护的方案整体上是一系列有序的计算机处理步骤的集合。

该方案要解决的是现有海量数据分析中存在的数据类型僵化、数据类型各异、存储割裂和追溯困难的技术问题。为了解决上述问题，该方案采用了数据采集、数据存储、数据映射、数据分析等手段对数据进行处理，上述过程反映的是遵循自然规律的技术手段。同时，该方案获得了对于大数据增强的组织、处理、应用和分析的技术效果，因此构成《专利法》第 2 条第 2 款规定的技术方案。

(三) 案例启示

对于在申请文件及权利要求中提及"用于大数据"的情况，不能仅凭此就简单地判定其是否属于专利保护客体，而应该从权利要求请求保护的方案整体出发加以判断。

就本申请而言，请求保护的方案涉及大数据处理技术，在方案中明确限定了各层对大数据处理的若干步骤及各个步骤的具体实施方式，基于上述方案解决了大数据处理时面对的技术问题，并获得相应的技术效果，因此属于《专利法》意义上的技术方案。

■ 案例 29：数据"属性"与整体方案技术性的关系

(一) 案情介绍

【发明名称】

一种数据传输中基于时间轴的行情数据一致性保护方法

【背景技术】

股票行情是指每只股票在特定时间的价格、成交量和成交金额等个股的信息。指数行情是指数所包含的所有股票的一个加权值，一只指数的行情由若干个股票的行情计算获得，因此一只指数一般对应多只股票。指数行情计算系统的功能为：周期性地接收股票行情，通过计算得到指数行情，并通过下游市场对外发布。股票行情是在证券交易所上市的所有股票信息，包含股票代码、当前价格、股票数量、成交量、成交额等信息。指数行情是指此指数当前指数值、开盘指数值、收盘指数值、当天历史最大值、当天历史最小值等信息。

现有指数行情计算系统的功能是：周期性地接收股票行情，通过计算得到指数行情，并通过下游市场对外发布。为了安全和可用性考虑，证券指数行情的计算是由主、从两台服务器同时在运作，由于股票在任何时刻都可能成交，所以行情是随时间不断变化的量，是连续的。而指数行情是每秒向市场发布一次，是离散的。同时，指数计算系统会从多个源头获取股票行情数据，所以两台指数计算系统会获取到连续时间轴上不同时刻的股票行情数据，以不同的价格进行计算，就会得出不同的指数行情。

【问题及效果】

由于一只指数在进行计算的时候，其来源的多只股票的成交时间不可能相同，而计算出的指数值只有一个，被赋予的时间也只能有一个，被称作这个时间点的指数值，所以就存在由多个连续的时间向一只指数的离散时间的转换问题。两台主机独立地进行转换操作，如果没有指数行情的一致性保护机制，两台指数行情计算服务器独立地向下游发布各自的计算结果，那么，独立发布的两路指数行情有可能存在先发布的指数行情时间戳大于后发布的行情时间戳，或者先发布的指数行情的成交量大于后发布的指数行情的成交量，或者先发布的指数行情的最大值大于后发布的指数行情的最大值等情况，这些都是违反实际情况的。由此可见，上述情况不够安全可靠，对于目前市场上交易者参考指数结果进行交易会造成很大的危害，甚至会对算法交易一类交易机制造成毁灭性的打击，造成严重的后果和恶劣的社会影响。

为了解决现有技术的不足和缺陷，针对指数计算系统的双主机双源头获取数据并行计算指数行情的特点，该申请提供一种安全可靠、快速稳定，并保证发布信息唯一性、准确性的基于时间轴的行情数据一致性保护方法，并能在高频率的实时计算中，在计算系统双源双发的情况下，保证发出的行情一致。

【实施方式】

指数计算服务器 A 和指数计算服务器 B 独立地接收股票行情。A 系统接收到若干只股票行情，其时间分别为 t_1, t_2, $\cdots$, t_k，根据这样的数据源计算出的指数行情时间为 T_A, $T_A = h(t_1, t_2, \cdots, t_k)$，B 系统也会根据接收到的股票行情的时间计算出指数行情的时间 T_B。指数计算服务器 A 和指数计算服务器 B 在向下游进行发布的时候，通过各自的一致性保护模块进行交互，使得输出的指数行情结果一致，并映射在时间轴上的同样位置 T。一致性保护模块由以下三个子模块构成：行情交互模块、结果对比模块和映射模块。

（1）每秒指数行情计算结束之后，指数计算模块发送消息通知行情交互模块；

（2）行情交互模块收到消息，同另一台指数计算系统通过 TCP 连接进行数据交换，取得另一台指数计算系统的指数行情计算结果。这就拥有两台指数行情计算系统的指数行情计算结果，同时发送消息给结果比对模块；

（3）结果比对模块将本地的指数行情和另一台指数计算系统的指数行情进行结果比对，根据比对原则，得出是否需要映射的结果后，发送消息给映射模块。

（4）根据上述结果进行指数映射。结束后发送消息给指数计算系统，指数计算系统将映射后的指数行情发送给下游系统以供市场接收，同时进行下一秒的指数计算。A 系统的一致性保护模块 M_A 在计算出自己的指数结果 I（Ta）和映射因子 va 之后，会获取到 B 系统的结果 I（Tb）和 vb，根据映射因子的大小决定选取 I（Ta）和 I（Tb）中较新的值，决定最终的结果 I（T），从而映射到时间轴上的 T 点。同样，B 系统的一致性保护模块 M_B 也会进行同样的过程，得出结果 I（T），映射到 T。这样，两者发出的结果映射到时间轴上便是一致的，避免了出现行情回溯的现象。

【权利要求】

1. 一种数据传输中基于时间轴的行情数据一致性保护方法，其特征在于：A 系统接收到的若干只股票行情，其时间分别为 t_1，t_2，…，t_k，根据这样的数据源计算出的指数行情时间为 T_A，T_A=h（t_1，t_2，…，t_k），B 系统也会根据接收到的股票行情的时间计算出指数行情的时间 T_B，两者在向下游进行发布的时候，通过 A 系统的一致性保护模块 M_A 和 B 系统的一致性保护模块 M_B 进行交互，使得输出的指数行情结果一致，并映射在时间轴上的同样位置 T，所述的一致性保护模块由行情交互模块、结果对比模块和映射模块构成，操作方法为：

a）指数计算主系统计算出指数行情之后，向一致性保护模块 M_A 和 M_B 发送启动消息；

b）一致性保护模块 M_A 和 M_B 收到指数计算主系统发送的消息之后开始启动，此时 M_A 和 M_B 都获取到了本机的计算结果 I（Ta），v（a）和 I（Tb），v（b），I 为指数行情；v 为映射因子，取指数行情中每只股票的时间戳与上一回合的指数行情时间戳的标准差；

c）行情交互模块与另一台服务器进行交互，接收另一台指数计算服务器的计算结果，同时发送本地的指数行情结果；实现 M_A 和 M_B 两个模块的数据交换功能，使得 MA 和 MB 都会获得所述 I（Ta），v（a）和 I（Tb），v（b）；

d）结果对比模块按照指数行情的对比准则进行指数行情比对；根据两个计算结果的各个参数进行比较，如果有不同，则需要同步；

e）映射模块根据比对的结果进行指数行情映射，根据两个不同映射因子 v（a）和 v（b）选取 I（Ta）和 I（Tb）中较新的值，得到一致的结果 I（T），从而映射到时间轴上统一的时间点 T，结束后通知指数计算系统向外发布；

f）指数计算系统将此回合映射后的指数行情发送到市场，进行下一回合的运算。

（二）案例分析

权利要求的方案要求保护一种数据传输中基于时间轴的行情数据一致性保护方法。其属于一种数据一致性保护方法，而进行一致性保护的数据是行情数据，输入是股票行情，输出是指数行情。

权利要求的步骤 a）~f）限定了行情数据一致性保护的步骤，其中步骤 b）和 c）使得两台指数计算服务器分别计算和交换指数行情和映射因子，其中映射因子取时间戳的标准差，步骤 d）将两个计算结果进行比较，步骤 e）根据比较结果进行映射，从而得到一个一致的值作为最终步骤 f）的输出结果。

结合该案说明书的相关记载可知，该数据一致性保护方法所基于的硬件环境是分布式系统中多台执行并行计算的服务器。在并行计算系统或者并行数据库环境中，由于数据来自不同的数据源并且分散存储在不同的节点上，涉及不同节点之间的数据同步问题，即对于不同节点上的数据如何区分它们的时间顺序和版本信息。其中，时间戳策略是一种广泛应用的同步解决方案。例如，对系统中的每一组数据附加一个时间标记，不同节点在获取不同组的数据并对其进行计算、处理或存储时，可依据时间标记来判断数据的时效和版本。

该申请声称解决的问题是行情数据一致性与准确性不足的问题，以提供安全可靠、快速稳定、并保证发布信息唯一性、准确性的基于时间轴的行情数据一致性保护方法。为了解决上述问题，方案中采用的手段包括由 A 系统（即用于指数计算的主服务器）和 B 系统（即用于指数计算的另一个服务器）构成的分布式并行环境，系统中各个功能模块相互配合实现数据的获取、计算、对比和映射。虽然该方案处理的对象是商业领域的股票行情数据，但行情数据一致性保护方法是将两个映射在时间轴上不同的指数行情数据，根据映射因子按照一定的规则进行合并，改进为映射到时间轴上相同的数据，以实现行情数据一致性（数据同步）。映射因子的引入使得数据同步从原来的映射到行情中单支股票交易最新的时间点（即数据集合中单个最新值对应的时间戳）改进为映射到行情中所有股票交易更新的时间点（即数据集合的整体更新值对应的时间戳），从而实现了映射时间点的一致性，提升了数据同步的安全可靠性。这种通过时间戳特性进行数据同步以提高一致性和准确性的手段利用了自然规律。由此可见，为了解决行情数据一致性与准确性不足的问题，所采用的手段的集合利用了自然规律，权利要求请求保护的方案基于并行服务器和网络通信架构，采用时间戳策略，通过多个软件模块之间的获取、计算、对比、映射来解决行情数据一致性和准确性的技术问题，整体方案采用了技术手段，获得了保证数据一致性和准确性的技术效果。因此，该权利要求记载的解决方案构成《专利法》第2条第2款规定的技术方案，属于专利保护客体。

（三）案例启示

该申请要求保护一种行情数据一致性保护方法，其处理的数据是股票行情数据，从应用领域来看，其属于典型的商业方法相关发明。审查中，不能仅基于应用领域就武断地、孤立地判定其所解决的是非技术问题、所采用的是非技术手段、所达到的是非技术效果，而将其排除在专利保护客体之外。

在适用《专利法》第2条第2款进行客体判断时，不应当"贴标签"，而应当聚焦方案本身，判断为了所解决的问题是否采用了利用自然规律的手段的集合。该案中的股票行情数据，一方面具备自然属性（带有时间戳标记），另一方面又具备经济学属性（表征股票交易信息）。股票行情数据作为该数据一致性方法处理的对象，在具体处理中利用的是其作为带有时间戳标记的自然属性，而非其表征股票信息的经济学属性。该案为了解决行情数据一致性和准确性的问题，采用了利用自然规律（利用时间戳特性进行数据同步）的手段的集合，属于《专利法》意义上的技术方案。

第三章

新领域、新业态相关申请创造性评判案例解析

第一节　整体理解发明

正确理解发明对于得出正确的创造性结论至关重要。整体理解方案有利于还原发明人的意图，不会导致方案被人为地割裂为规则部分和技术部分，对于认清方案采用的技术手段也是十分有益的。

涉商申请定义为：利用计算机和网络技术实施商业模式为主题的发明。因受上述定义的影响，在审查实践中容易简单地将涉商申请的方案分割为"技术架构+商业规则"，从而忽略了商业规则变化对技术实施方式的技术影响及所能产生的技术效果。

请求保护的方案与最接近的现有技术相比，当区别特征包括规则性内容时，如果所述规则性内容与发明要解决的技术问题或者该方案中的技术特征从整体上考虑存在技术上的关联，那么不能简单地将规则性内容与技术特征割裂，排除对这些规则性内容的考虑，而应整体判断其显而易见性，客观地分析该部分内容对于整个方案的影响，从而客观得出方案是否具备创造性的结论。

如前所述，在客体判断阶段被认定为技术性的内容，在创造性判断中同样应被认定为是技术性的；在客体判断阶段被认为对于方案整体上没有技术影响的非技术性内容，即便构成区别特征也不会使方案具备创造性。因此，后续每

个案例的案例分析部分均对该案是否构成技术方案进行了简要分析，旨在体现对于技术性的理解在客体判断阶段和创造性评判阶段应一致。

■ 案例 1：用于电子地安排车辆订单的系统

（一）案情介绍

【背景技术】

特定类型的车辆订单处理系统可依靠规则来规定用于给定车辆或车辆生产线的构建标准，这些规则可通过几个不同的数据库紧密地连接或分发。

【问题及效果】

这种车辆订单系统的问题在于，紧密连接的规则集使可扩展性变得复杂。编写错误和数据库之间的差别会导致规则的不确定性，从而导致系统性能问题。因此，需要在多数据库环境中可以有效工作的规则进行驱动的车辆订单系统。

本申请的目的在于提供一种车辆订单系统，通过将每个车辆选项输入与来自数据库的多个部件代码相关联来扩展车辆订单，从而为客户提供期望的部件，简化客户的操作。

【实施方式】 图 3-1-1 为车辆订单处理系统 100 的简化示意图。

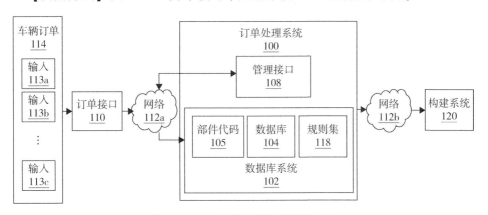

图 3-1-1　车辆订单处理系统 100

订单处理系统 100 包括具有一个或多个相关联的数据库 104 的数据库系统 102。可使用任意合适数量的数据库，并且每个数据库 104 可以是任意合适的类型。例如，数据库 104 可以是分级数据库、关系数据库、基于模糊逻辑的数据库等。数据库系统 102 具有在一个或多个数据库 104 中分布的相关联的规则集 118。在实施例中，将所述规则二进制编码到计算机可读介质。也可以以其他合适的编码形式（如静态文本字符串和/或二进制逻辑结构）存储规则集 118。订单处理系统 100 适合于手动地输入规则集 118 或包括多个异类的数据库的环境。如图 3-1-1 所示，订单处理系统 100 包括通过网络 112a 与数据库系统 102 电通信并与订单接口 110 电通信的管理接口 108。订单接口 110 可从客户接收电子车辆订单 114，并通过网络 112a 将所述订单 114 发送到订单处理系统 100。例如，客户可通过订单接口 110 在车辆代理店发出电子订单。

如图 3-2-2 所示，车辆订单 114 具有多个相关联的车辆选项输入 113a~113c。每个选项输入 113a~113c 可包括，与客户选择的各个车辆选项相应的信息。扩展算法 302 将电子车辆订单 114 与多个部件代码 105 一起接收为输入。扩展算法 302 通过将每个车辆选项输入 113a~113c 与来自数据库系统 102 的多个部件代码 105 相关联来扩展车辆订单 114，以产生部件代码子集 116。部件代码子集 116 包括每个部件代码系列。在实施例中，车辆选项输入 113 是客户选择的高等级车辆选项，部件代码 105 包括与各个选项输入 113 相关联的低等级代码。

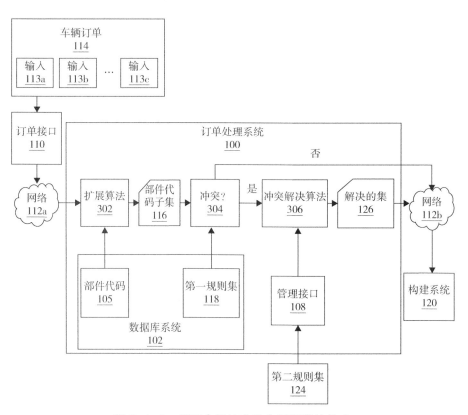

图 3-1-2　用于电子地安排车辆订单的技术

元素 304 描述确定元素。在此，将第一规则集 118 应用于部件代码子集 116，以确定在子集 116 中的各种部件代码之间是否存在冲突。部件代码之间的"冲突"包括但是不限于两个或更多个部件代码，如规则集 118 规定的一样一起错误地发生的事件。在实施例中，按预定顺序将第一规则集 118 应用到确定元素 304。第一规则集 118 可具有与所述第一规则集 118 相关联的非确定性标准。更为具体地，第一规则集 118 可包括与手动输入格式错误、逻辑错误等相关联的信息。

如上所述，确定元素 304 在子集 116 中的部件代码之间是否存在冲突。如果存在一个或多个冲突，则通过冲突解决算法 306 来应用第二规则集 124 以解决所述冲突。第二规则集 124 可以使授权用户提供冲突解决方案。例如，授权用户提供确定集，以解决在部件代码子集 116 中的非确定性冲突。

【权利要求】

1. 一种车辆订单系统，所述系统包括：

数据库系统，包括一个或多个数据库，所述数据库系统具有分布于所述一个或多个数据库的第一规则集；

管理接口，与数据库系统进行电通信；

订单接口，通过网络与数据库系统和管理接口进行电通信；

计算机可读介质，具有编码到所述计算机可读介质上的计算机可读指令集，所述计算机可读指令集包括用于如下目的的指令：

通过订单接口从客户接收电子车辆订单，所述电子车辆订单具有多个相关联的车辆选项输入；

通过将每个车辆选项输入与来自数据库系统的多个部件代码相关联来扩展车辆订单；

按预定顺序将第一规则集应用于所述部件代码，以确定在所述部件代码之间是否存在任何冲突，第一规则集具有与第一规则集相关联的非确定性标准；

如果存在一个或多个冲突，则应用通过管理接口接收的第二规则集来解决部分代码之间的冲突，第二规则集具有与第二规则集相关联的确定性标准；

如果不存在冲突，则至少部分基于部件代码安排车辆构建订单；

其中，第一规则集中的规则是静态文本规则，用于扩展车辆订单的指令还包括将每个静态文本规则与相应的逻辑数据结构相关联；

通过逻辑数据结构来表示每个部件代码，应用第一规则集的步骤包括在一个或多个逻辑二进制规则与多个部件代码之间执行二进制比较；

至少一个冲突包括产生多个冲突部件代码的第一规则集，第二规则集中的规则通过选择冲突部件代码中的一个来解决所述至少一个冲突。

（二）案例分析

权利要求1请求保护一种车辆订单系统，通过将每个车辆选项输入与来自数据库的多个部件代码相关联来扩展车辆订单，并利用逻辑二进制规则与部件代码执行二进制比较等手段来进行冲突的判断和解决。

对比文件1公开了一种网络车辆定购系统，用于在互联网上选择用于出租的车辆选项。该系统包括：具有软件程序的服务器，该服务器可以控制数据库的操作，包括询问用户的车辆选择、接受选择及组织所述系统。服务器端包含的程序用于处理来自用户接口的请求和响应，车队管理者可以通过提供的菜单来选择车辆的配置，其中能够选择的车辆配置具有多个相关联的车辆选项。当车队管理者选择了一种特殊的发动机涂料时，其他涂料类型不再兼容选择，因此系统自动地使其他选项不可选。最后，基于选项来提交订单。

权利要求1与对比文件1相比区别特征在于：（1）数据库系统为一个或多个，第一规则集分布于该一个或多个数据库；订单接口还通过网络与数据库系统进行电通信；（2）权利要求1在从用户接收车辆订单后，进一步对该车辆订单进行扩展操作，以及分别使用第一、第二规则集来解决订单中的冲突，具体记载为：通过将每个车辆选项输入与来自数据库系统的多个部件代码相关联来扩展车辆订单；按预定顺序将第一规则集应用于所述部件代码，以确定在所述部件代码之间是否存在任何冲突，第一规则集具有与第一规则集相关联的非确定性标准；如果存在一个或多个冲突，则应用通过管理接口接收的第二规则集来解决部分代码之间的冲突，第二规则集具有与第二规则集相关联的确定性标准；其中，第一规则集中的规则是静态文本规则，用于扩展车辆订单的指令还包括将每个静态文本规则与相应的逻辑数据结构相关联，其中，通过逻辑数据结构来表示每个部件代码，应用第一规则集的步骤包括在一个或多个逻辑二进制规则与多个部件代码之间执行二进制比较，其中，至少一个冲突包括产生多个冲突部件代码的第一规则集，第二规则集中的规则通过选择冲突部件代码中的一个来解决所述至少一个冲突。

基于上述区别特征，该权利要求1实际解决的问题是如何解决扩展的部件代码的冲突。

对于区别特征（1），所属技术领域通常都会根据需要采用一个或多个数据库来存储具体的信息，且根据需要在数据库和其他需要传输信息的设备之间建立网络通信，上述区别特征属于所属领域技术人员在构建数据库系统时经常采用的技术手段。

对于区别特征（2），本申请权利要求 1 中对接收的订单进行扩展，这种扩展的方式使解决冲突的对象并非用户输入的车辆选项本身，而是经扩展的多个部件代码；基于该扩展代码所存在的冲突，本申请权利要求 1 先使用第一规则集，通过第一规则集中的静态文本规则及逻辑数据结构等以非确定性标准来解决冲突，然后使用第二规则集的确定性标准来解决冲突。对比文件 1 中的系统虽然具有判断选项是否兼容的能力，其相当于一种使用规则来解决冲突的方式，但是对二者经过比较可知：首先，在利用规则解决冲突的过程中所解决冲突的对象不同，前者解决冲突的对象涉及由订单选项扩展的代码，而后者仅为用户提交的订单选项；其次，解决冲突时依据的具体规则及具体解决方式不同，前者具体使用两个规则集，并采用不确定性和确定性标准，以及使用具体的静态文本规则及逻辑数据结构等具体手段来进行冲突判断，后者仅提及考虑兼容的情况，并未公开任何具体的解决规则和解决方式。可见，对比文件 1 并未公开上述区别特征（2），同时对比文件 1 也未给出对接收的选项进行订单扩展，进而使用具体的两个规则集并采用区别特征（2）中具体的手段来解决上述扩展的部件代码的冲突的启示。

对比文件 2 公开了一种解决用户定制冲突的系统，用于解决在插入用户应用定制过程中所存在的冲突的技术问题。该解决冲突的系统包括两种冲突解决方案，当冲突的类型仅为名称时使用一种解决方案，当冲突的类型为数据冲突时使用另一种解决方案。其中，上述不同类型冲突的解决方案均为确定性标准。对比文件 3 公开了一种用于解决所构建的基于规则的软件架构中存在的冲突的方法，包括接收用户定义的规则，通过终端用户优化来解决规则冲突，还可以通过预先定义的判决策略（如定制聚集）来解决规则冲突。

由于对比文件 2 和 3 与本申请权利要求 1 的冲突解决方案中所要解决的冲突的应用领域、解决冲突的手段不同，所以没有给出将上述区别特征（2）应用于对比文件 1 以进一步解决其技术问题的技术启示。同时，区别特征（2）也不是所属领域技术人员的公知常识。而且包含上述区别特征（2）的权利要求 1 的技术方案能够获得方便用户对车辆订单进行操作的同时，解决车辆部件中可能存在的冲突，从而更加方便和准确地满足用户定制需求的技术效果。因此，权利要求 1 具备《专利法》第 22 条第 3 款规定的创造性。

对于上述区别特征（2）中的特征"通过将每个车辆选项输入与来自数据库系统的多个部件代码相关联来扩展车辆订单；按预定顺序将第一规则集……

如果不存在冲突，则至少部分基于部件代码安排车辆构建订单"，以及"其中，第一规则集中的规则是静态文本规则……第二规则集中的规则通过选择冲突部件代码中的一个来解决所述至少一个冲突"，也有部分观点认为这些特征均属于未构成技术手段的非技术特征，由于其没有对现有技术做出技术贡献，得出权利要求 1 整体不具备创造性的结论。

在创造性评判过程中，当权利要求中既包含技术内容又包含看似"非技术"的内容时，不要轻易地割裂两者之间的关联，尤其要考虑"非技术内容"在权利要求的整个方案中是否发挥了技术作用，能够对技术方案带来何种影响。

本申请涉及的车辆订单系统，其中包含第一规则集与第二规则集，从说明书的描述中可知，第一规则集可具有与所述第一规则集相关联的非确定性标准，可包括与手动输入格式错误、逻辑错误等相关联的信息；第二规则集具有与第二规则集相关联的确定性标准。单从第一规则集与第二规则集所包含的内容来看，会让人感觉是一种人为设定的规则，也正因为如此，部分观点认为上述特征属于非技术特征，因而不能对现有技术做出技术贡献。但是，这种观点恰恰是割裂看待特征所导致的。

当我们把第一规则集和第二规则集放到整个方案中看待时，就会理解到，本申请是要通过将每个车辆选项输入与来自数据库系统的多个部件代码相关联来扩展车辆订单，这里的"部件代码"指代的是车辆部件的代码。而第一规则集被应用于所述部件代码以确定所述部件代码之间是否存在冲突；每个部件代码通过逻辑数据结构来表示，应用第一规则集的步骤包括在一个或多个逻辑二进制规则与多个部件代码之间执行二进制比较。第二规则集中的规则通过选择冲突部件代码中的一个来解决所述至少一个冲突。

由于客户对车辆结构的理解程度有限，客户选择的车辆选项之间可能存在冲突。例如，客户可能选择了多个不同的车辆部件，但在车辆结构中只能选择一个，或者客户选择了相互不匹配的两个或多个车辆部件等。因此，需要判断经车辆订单扩展而产生的部件代码之间是否存在冲突。若经存在冲突的车辆部件代码产生车辆订单，将会产生无法组装车辆或产生多余部件等严重后果。使用第一和第二规则集所要解决的问题是确定所述车辆部件代码之间是否存在冲突并解决这一冲突，从而得到包含用户期望的车辆部件的车辆扩展订单。就方案整体来看，其显然解决了相应的技术问题，并且采用了逻辑二进制规则与部件代码执行二进制比较等具体的技术手段来进行冲突的判断和解决，并获得了更加方便和准确地提供用户期望的车辆定制选项的技术效果。因此，上述区别特征（2）不属于非技术特征。

（三）案例启示

涉及商业模式创新的专利申请大多包含看似非技术的商业规则等特征，对于这些特征一定要放到整个方案中进行整体考量，而不能妄下无技术贡献的结论。另外，还要关注这些商业规则相关的处理过程所针对的对象究竟是什么。在审查过程中，不能按领域贴标签，一看到申请文件中有订单、广告等商业内容就对方案的技术性和创造性予以全盘否定。准确理解发明，从方案整体是否具备技术性进行判断，对于正确做出创造性的结论更为有利。

■ 案例2：共享空间成员显示

（一）案情介绍

【背景技术】

随着虚拟社区技术的不断发展，越来越多的用户使用基于因特网的社交网络站点、聊天室、论坛及即时消息收发软件等在线通信介质进行非面对面的交互。在这种虚拟环境中，用户之间彼此协作或互相关注（如微博、博客、在线会议、演示及实况论坛讨论等）从而共享在线环境。在具有多个用户的共享在线空间中，每个用户都有他或她关注并与之交互的多个其他用户（称之为朋友）。

【问题及效果】

现有的系统中，为用户显示他或她的朋友时，仅仅以相同的方式来显示各成员（例如，在显示区域中具有相同的突出性）；同时，也仅仅能提供一些初步分类，如按更新时间或按字母表顺序排列显示。此外，当前的共享在线空间通常使用一些类型的化身或其他视觉表示来向用户标识参与成员。当共享在线空间包括该用户与之交互的大量参与者时，在许多参与者尝试一起或在一段时间内在线做某事并且作为更新被表示在该用户的显示器上的情况下，就产生了规模问题。例如，当在用户的显示器上每一参与者的化身被相对等同地对待时，可能难以标识参与者之间的关系。即该用户可能难以将从具有较疏远关系的那些成员中标识出具有密切的且正在发展的关系的那些成员。

为了使用户能够较为直观地区分出多个朋友的亲密度，该申请提出了一种向用户呈现用户界面的方法和系统，其能够允许与用户具有较密切在线关系的那些成员参与者的个性化头像显示得比具有较疏远在线关系的那些成员更突出，并维护这样的视觉差异。

【实施方式】

图 3-1-3 是用于向共享在线空间的用户呈现该共享在线空间的各成员的示例性方法 200 的流程图。

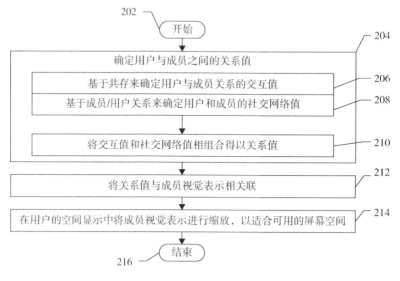

图 3-1-3　示例性方法 200 流程

在 204 处涉及确定用户与共享在线空间的成员之间的关系值。例如，用户在他们的共享在线空间（如社交网络站点）中具有多个成员（如联系人、朋友、亲属）。

在 206，确定用户与共享在线空间的成员之间的关系值包括基于用户与成员共存于共享在线空间中来确定用户与成员的交互值。例如，交互值可包括被组合来确定该交互值的多个因子。在一个实施例中，交互值可包括频率因子和新近性因子的组合。

在 208，基于用户和成员之间的社交网络关系的数量来确定该用户和成员关系的社交网络值。

在 210，将交互值和社交网络值相组合以得到用户和共享在线空间的成员之间的关系的关系值。

在 212，将关系值与共享在线空间中所使用的成员的指定视觉表示相关联。在用户的共享在线空间的一个实施例中，当成员在线时，显示该成员的视觉表示。

在 214，在用户的共享在线空间的显示中，基于关系值来将各成员的两个或更多个视觉表示进行缩放，以适合可用屏幕空间。

　　图3-1-4是如何在在线共享空间中显示成员表示的一个示例性实施例500的示意图。成员显示区域504显示在该共享在线空间中与该用户有关系的相应成员的视觉表示（图像）。可基于关系值将成员图像进行缩放，以适合成员显示区域504的可用空间。在一个实施例中，在第一成员506的视觉表示大于第二成员508的视觉表示（因为第一成员的关系值高于第二成员的关系值）时，可缩放成员的视觉表示。例如，基于关系值来增大或缩小成员的图像，使得具有较高值的那些成员具有较大的图像。以此方式，例如，使用所需大小（如大、中、小）来将与用户具有较密切关系（基于较高关系值）的那些成员在成员显示区域504中显示得较突出，从而使用户能够更容易地与他们进行交互。在另一实施例中，不同的视觉处理可被应用于成员的视觉表示。

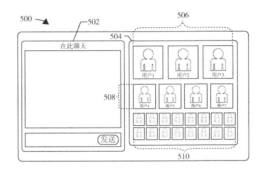

图3-1-4　示例性实施例500

【权利要求】

1. 一种用于向共享在线空间的用户呈现该共享在线空间的各成员的方法，包括：

　　确定所述用户和所述共享在线空间的成员之间的关系值，包括：

　　　　基于所述用户和成员在所述共享在线空间中的共存来确定用户和成员关系的交互值；

　　　　基于所述用户和成员之间的社交网络关系的数量来确定所述用户和成员关系的社交网络值；以及

　　　　将所述用户和成员的交互值和社交网络值相组合；

　　将所述关系值关联到所述成员的在所述共享在线空间中使用的指定视觉表示；以及

　　在所述用户的共享在线空间的显示中，基于所述关系值来将各成员的相应两个或更多个视觉表示进行缩放，以适合可用屏幕空间，从而使得具有较高关系值的成员具有较大的视觉表示。

（二）案例分析

权利要求 1 请求保护一种用于向共享在线空间的用户呈现多个联系人的方法，基于所确定的用户与联系人之间的关系值，对在线共享空间的成员进行差异化显示。

对比文件 1 公开了一种 SNS 网络中成员关系圈的提取方法及装置，并具体公开了如下内容：在步骤 S201 中，可以在服务器端建立关注人群数据库，并根据查询条件从关注人群数据库中选取目标人群。该申请可以直接指定目标人群。在步骤 S202 中，可设定目标人群的关系圈的规模预定值、层次预定值和关系圈成员的特征过滤条件。在步骤 S203 中，从所述目标人群的关系链获取所述目标人群的联系人信息。所述联系人信息可以是联系人对应于 SNS 网络的唯一身份标识、特征信息、关系类型和关系权重。该联系人信息可以包括目标人群利用 SNS 网络直接联系或间接联系的联系人列表，如 IM 好友列表、blog 的访问用户等，并且该目标人群与联系人的关系可表示为（ID，type，value）。ID 表示联系人在 SNS 网络中的唯一身份标识，type 表示关系的类型，如定义为好友、认识、陌生人。value 定义为关系的权重，即关系的重要程度。权重越大表示关系越好，联系越紧密、越频繁。在步骤 S204 中，根据所述特征过滤条件和联系人信息选取所述目标人员的关系圈成员，并判定所述关系圈成员在所述关系圈中所处的层次。在步骤 S205 中，根据关系圈数据库，按照层次显示所述关系圈成员。在该申请的一个实施例中，所述显示内容包括：关系圈成员的特征信息、关系类型、权重信息和关系路径。

权利要求 1 与对比文件 1 的区别特征包括：

（1）确定用户与多个联系人之间的关系值，包括：基于所述用户和多个联系人在所述共享在线空间中的共存来确定用户和联系人关系的共存值；以及基于所述用户和成员之间的社交网络关系的数量来确定所述用户和成员关系的社交网络关系数量；（2）在所述用户的共享在线空间的显示中，基于所述关系值将各成员的相应两个或更多个视觉表示进行缩放，以适合可用屏幕空间，从而使得具有较高关系值的成员具有较大视觉表示。基于上述区别特征，该权利要求实际解决的问题是：如何直观区分多个联系人之间的联系紧密程度。

上述区别特征中，虽然区别特征（1）是用于确定用户与共享在线空间成员之间的关系值，但是该确定过程并不涉及人为的主观因素，无论是交互值还是社交网络值，反映的都是用户及其他在线空间成员在网络中的相互关系，是技术数据，需要借助数据的获取、行为分析等技术手段来得到，不能将区别特征（1）简单地看作非技术内容。区别特征（2）正是基于区别特征（1）所获取的关系值的高低，对视觉表示的图像进行缩放处理。因此，上述区别特征（1）与区别特征（2）之间是相互关联的，其作为整体构成了权利要求1相对于对比文件1的区别特征，应当从整体上考虑权利要求1请求保护的方案是否具备显而易见性。

对比文件1仅仅是将用户的关系圈提取出来，不涉及不同用户之间的差异化显示，本领域技术人员没有动机要对对比文件1进行改进，将其改进为通过用户和成员的交互值以及社交网络值来确定他们之间的关系值，从而确定他们之间的关系密切度。并且，利用交互值及社交网络值来计算用户和成员之间的关系值的方法也不属于本领域的公知常识。在对比文件1的基础上引入该区别技术特征应用到在线共享空间的成员差异化显示对于本领域技术人员来说并不是显而易见的。因此，权利要求1相对于对比文件1与所属领域公知常识的结合具有突出的实质性特点和显著的进步，因而具备创造性。

（三）案例启示

在对一个技术方案的创造性进行判断时，应当对方案整体进行考虑，对于互相之间有紧密关联（如有因果关系，或者有明显的配合关系等）的特征，不应当将其生硬地割裂开来，因为这样的割裂通常会导致在确定权利要求实际解决的问题时得出错误的结论，使得该部分特征被认为对方案未发挥技术作用，进而未产生技术贡献，因此对创造性也不会作出技术上的贡献，进而可能会得出错误的创造性结论。

■ 案例3：用于导航数据库的格式描述

（一）案情介绍

【背景技术】

导航系统包括比较巨大的数据库，用于存储诸如城市、街道、感兴趣点等条目的列表。

一种方法是根据管理导航数据库所提供的大量数据的普通方法，用户定制专用二进制（或文本）数据格式，使存储需求最小化，并使针对特定应用的数据存取最优化。其存在的问题是：这种数据格式难以适应将来未预见到的需求和格式扩展。为避免不兼容的格式更改，二进制数据需要包括未使用或仅部分使用的数据部分，因而要大于软件开发的给定阶段所必需的数据，从而导致额外开销。

另一种方法是实施原始数据库格式中的数据范围，其在开始时被软件忽略，并且在原来数据库的信息不可用之后，仅在被应用的软件的将来版本中被解释。其存在的问题是：由于关于跳过比较旧的数据或关于解释用于扩展的数据条目的信息必须以数据库格式被存储，这导致大量的额外开销。此外，对数据库的扩展仅可在事先被预测的位置执行，从而格式更改的灵活性是有限的。

【问题及效果】

使用自描述格式，如可扩展标记语言（XML）作为文本格式，应用软件使用识别标签来过滤各自必需的信息，标签急剧增加了存储需求。

使用通用的数据格式（如在关系数据库中），在导航系统的导航数据库中，因为通用格式没有针对实际应用进行优化，导致与专用数据格式相比，数据量更大，并且数据访问速度更慢。

该案为解决上述问题，提供一种以高效可靠的方式管理导航数据库的方法，该方法允许进一步扩展且不损失兼容性。

【实施方式】

抽象机被用于读取和解释数据（二进制数据）。抽象机是通过数据文件的格式描述表来控制的，根据包含在格式描述表中的指令读取数据。

为多于一个数据文件实施格式描述，可以对这些数据文件实施相同的格式描述。该格式描述表明记录的类型是由不同数据类型（如整型、字符串型、指针型）的元素组成的。此外，该格式描述表明记录中各元素的顺序。

格式描述表包含在数据文件中，并且被语法分析器解释为字节代码。格式描述表由二进制行序列组成，每行由字组成，如 16 位数字。所有行的长度相同，并且该长度在格式描述表的头部（如表的第一行）被定义，其中每一行有预定数目的数据条目，每一行包括用于抽象机的至少一条命令。

抽象机可以是由表格控制的分析器，其被配置成从读取的数据中生成如分析树，该分析树随后可被用于某个应用软件做进一步处理，尤其是用于由编译器生成代码或由解释器执行代码。存储在导航数据库中的数据内容到二进制或文本格式的实际映射不是软件的一部分，而是在数据文件的格式描述（表）中被定义的。

【权利要求】

1. 用于组织和管理包括至少一个数据文件的导航数据库中的数据的方法，

包括：

将数据存储在所述至少一个数据文件中，所述数据文件为二进制数据；

对于所述导航数据库的所述至少一个数据文件，实施至少一个格式描述，其中所述格式描述表示字节代码，并且所述格式描述表明记录的类型是由不同数据类型组成的，并表明记录中各元素的顺序；

实施分析器，用于解释存储在所述至少一个数据文件中的数据，和向应用软件分析所述数据，并且解释所述至少一个格式描述的字节代码。

11. 导航数据库，其包括至少一个数据文件和所述至少一个数据文件的格式描述，所述数据文件为二进制数据；

所述格式描述表示字节代码，并且所述格式描述表明记录的类型是由不同数据类型组成的，并表明记录中各元素的顺序；

所述格式描述被配置成控制分析器，所述分析器被配置成解释存储在所述至少一个数据文件中的数据并向导航软件分析所述数据，并且所述分析器被配置成解释所述至少一个格式描述的字节代码。

（二）案例分析

权利要求 1 请求保护一种用于组织和管理包括至少一个数据文件的导航数据库中的数据的方法，权利要求 11 请求保护一种导航数据库。

对比文件 1 公开了一种非均匀比例制图方法，方位分析器从诸如外部文件或内部文件的来源读取方位，方位分析器将所述方位转化为图形，节点在所述图形中代表十字路口，边代表连接所述十字路口的道路，系统并不包含道路数据库，而所有关于所述地图的信息都是从存储在离线的文本方位中获得的，服务器包括方位数据库，所述方位数据库用于在起点和目的地之间识别一条合适的路径。在方位分析器分析完方位信息之后，所述路径图中的道路由道路规划模块缩放，道路规划模块向所述整个地图施加一个常量缩放因子，使得所述地图适合一个具有预定维度的视口。

可见，权利要求 1 请求保护的技术方案与对比文件 1 的区别技术特征在于，对于所述导航数据库的所述至少一个数据文件，实施至少一个格式描述，其中所述格式描述表示字节代码，并且所述格式描述表明记录的类型是由不同数据类型组成的，并表明记录中各元素的顺序；实施分析器，解释所述至少一个格式描述的字节代码。基于上述区别技术特征，该权利要求 1 请求保护的技术方案实际解决的技术问题是：如何允许数据库进一步扩展且不损失兼容性。

对比文件 2 公开了一种不同种类导航数据源的集成方法，并具体公开了：将

GDF 和 ATKIS 的数据经过转换工具或分析器提取构建路径的对象数据，包含 GDF 和 ATKIS 映射到 AWS 的对象类关系，并将其转换成 XML 数据的 AWML 文件格式，每一个 AWML 文件由头部和数据部组成，头部承载了空间内容文件的元数据，包含所有的对象类、数据来源信息等。对比文件 2 公开的数据是 XML 数据，其数据类、数据来源等并不代表字节代码，也不是二进制数据的描述信息。

对比文件 2 中将包括 GDF、ATKIS 的数据及经其分析器提取的构建路径的对象数据等多种数据转换成统一格式的 XML 数据，其用于导航还需要额外包括标签数据等应用相关数据，且并不包括如本申请中表示字节代码的格式描述和格式描述相应的分析器。由此可知，其数据类型和本申请不相同。而且，由于对比文件 1 用于地图数据制图，对比文件 2 用于不同导航数据集成，两者仅涉及通过一定格式（与本申请数据格式不同）来表示位置数据，并未对数据格式进行具体限定，即使字节代码用于存储数据文件的格式描述是本领域的公知常识，但对比文件 1 中并不存在需要对方位数据进行格式描述的技术问题，即对比文件 1 没有给出通过字节代码来描述导航专用数据格式并结合相应分析器来便于导航专用数据库的修改和扩展的技术启示。对比文件 2 仅涉及将不同的导航数据文件转换成 XML 数据，最终以 XML 作为数据文件的格式，其格式描述正是本申请描述的现有的 XML 格式描述，也没有给出通过字节代码来描述导航专用数据格式并结合相应分析器来便于导航专用数据库的修改和扩展的技术启示。

同时，上述区别技术特征不属于本领域的公知常识。因此，本领域技术人员通过结合对比文件 1、2 和本领域公知常识获得权利要求 1 的技术方案是非显而易见的，权利要求 1 的技术方案具备《专利法》第 22 条第 3 款规定的创造性。基于类似的理由，权利要求 11 也具备《专利法》第 22 条第 3 款规定的创造性。

由该案可以看出，对涉及数据格式的权利要求进行创造性判断时，仍然是将权利要求的技术方案作为一个整体，分析其技术特征之间的联系和相互作用，在考察现有技术的基础上判断其相对于现有技术是否显而易见。

具体而言，该案权利要求涉及数据格式的定义，且上述数据格式与其他技术特征之间存在紧密的技术关联，并且这种技术关联对于解决在不损失兼容性情况下扩展数据库的技术问题方面发挥了技术作用。因此，在整体考量权利要求的创造性时，应当注重数据格式与其他技术特征之间的技术联系。作为现有技术，对比文件 1、2 的技术方案并没有公开该案中数据格式与其他技术特征之间的技术关联。在整体评价权利要求的创造性时，不仅不能将上述数据格式与其他技术特征相剥离，而且应当更注重它们之间的技术联系，关注它们如何协同作用解决了相应的技术问题，并获得了相应的技术效果。

（三）案例启示

对涉及数据类型、数据性质及数据格式的发明专利申请进行创造性判断时，不能简单地将数据类型、数据性质、数据格式与其他技术特征剥离，将其认定为非技术特征，而应当从方案整体出发分析解决的问题和所采用的手段的集合。该案所解决的问题是提高管理导航数据库的扩展性和兼容性，为解决该问题，采用了对二进制导航数据进行字节代码的格式描述的技术手段。因此，如涉及数据类型、数据性质、数据格式等限定特征，在创造性判断时需要一并考虑。

第二节　应用场景不同会否给方案带来创造性

对于构成技术方案的互联网领域专利申请来说，虽然大部分方案利用的是现有的数据处理和网络通信技术，但是在不同应用情景下，为了解决特定情景下的技术问题，现有设备或数据处理手段因特定的功能和不同的目的被关联在一起。在进行创造性评判过程中，不能脱离开应用情景赋予方案要解决的特定技术问题，应全面考虑不同应用情景导致方案实现手段上的差异。

■ 案例4：密件移交监控与审计方法

（一）案情介绍

【背景技术】

密件是指以文字、数字、图像、声音等形式载有国家秘密的物件。它既包括传统的纸介质的文件、资料，也包括磁介质和光介质等国家秘密载体。密件承载着国家秘密，一旦泄露将危及国家安全和利益，所以对于密件的管理国家相关保密部门出台了严格的管理制度和规范。密件制作后，由于工作的需要会在人与人之间进行流转。

对于密件的移交，通常采用的方式是：密件移交人和接收人自行进行密件移交。先由接收人核对密件信息并手工清点密件页数、份数，然后在双方的保密本上分别登记移交日期、文件名称、密级、页数、份数等，最后接收人在移交人的保密本上签收，移交人在接收人的保密本上签字确认。

【问题及效果】

现有的密件移交方法缺乏技术手段的监控和管理，主要依赖于移交各方的保密意识和责任心，在移交过程的监督管理方面存在着很多的问题。例如：（1）无法确保在该密件的授权范围内进行密件移交，并且存在着扩大密件知悉范围的风险；（2）由于有意或无意的人为错误，手工清点密件的数量难以保证准确性；（3）移交登记缺乏强制性，可能出现登记错误或遗忘的情况；（4）手工登记的保密本在保存、数据查询和统计方面存在诸多不便。

本申请提出一种可有效提高安全性和准确性的密件移交监控方法，该方法实现了对密件移交过程的监控，可确保密件仅能在授权人员之间进行移交，从而避免了无意识的扩大密件知悉范围。

【实施方式】

图 3-2-1 是实现本申请的密件移交监控与审计方法的系统结构图，该系统包括自助移交终端 1、条码枪 2、客户端电脑 3 和服务器 4。自助移交终端 1 和客户端电脑 3 通过网络与服务器 4 进行数据通信。其中，自助移交终端 1 包括 CPU 模块 5、电源 6、内存 7、Flash 模块 8、液晶触摸屏 9、读卡模块 10、蜂鸣器 11、网卡 12 和串口 13。CPU 模块 5 将读卡模块 10、液晶触摸屏 9、串口 13 得到的数据通过网络与服务器 4 的数据进行处理并交换。读卡模块 10 用于通过识读卡号进行用户身份鉴别，当读卡正确时，蜂鸣器 11 将发出"嘀"的提示音，告知刷卡操作有效。液晶触摸屏 9 负责人机信息交互。Flash 模块 8 用来存储自助移交终端 1 开机及运行过程中必需的系统文件及人机交互界面。条码枪 2 通过自助移交终端 1 的串口 13 将条码数据传递给自助移交终端 1。

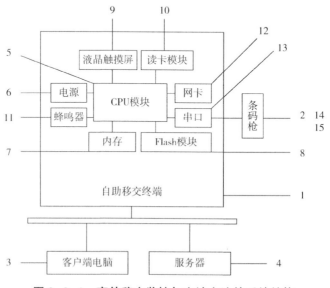

图 3-2-1　密件移交监控与审计方法的系统结构

如图3-2-2所示，本申请提供的密件移交监控与审计方法分为三个步骤，第一步是密件的移交申请，第二步是密件的移交审批，第三步是在自助移交终端1上的操作：

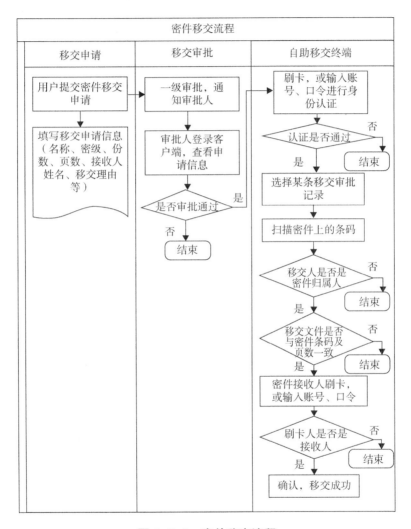

图3-2-2　密件移交流程

第一步，密件的移交申请。

在密件进行移交前，密件上应该固定唯一的身份标识，例如在纸质文件的每一页嵌入一维条码或二维条码，从而可以标识出密件的每一页，且在服务器4上记录每份密件的页数和条码号，以及密件的归属人。

移交人还需要在客户端电脑 3 上发起密件移交申请，申请的信息包括密件名称、密级、份数、页数、接收人姓名及移交理由等。

第二步，密件的移交审批。

申请提交后，系统将通知一级审批人，审批人登录审批客户端后可查看到移交申请的相关信息并进行审批。审批通过后，申请人将收到同意移交的消息，申请人和接收人可以到自助移交终端 1 前进行密件移交。如果审批被拒绝，申请人将收到拒绝移交的信息，并可查看拒绝理由。服务器 4 端软件可进行审批流程的配置管理，审批流程可按照用户的要求进行配置，可支持一级审批，也可支持多级审批。如秘密文件的移交设置为一级审批，机密文件的移交设置为二级审批。

在移交前增加审批环节，起到了规范流程的作用，可以有效地控制密件仅能在被授权的人员间进行流转。

第三步，在自助移交终端 1 上的操作。

用户要登录自助移交终端 1，首先要进行身份鉴别。自助移交终端 1 的读卡模块 10 内嵌读卡器芯片，可以支持市场上主流的非接触式卡片的信息读取，如 HID、Mifare、EM 等。当用户在自助移交终端 1 的有效读卡区域进行刷卡时，蜂鸣器 11 将发出"嘀"的提示音，告知用户刷卡操作有效。CPU 模块 5 将读卡模块 10 识读的卡号与服务器 4 上的合法用户身份信息比对，进行身份鉴别。当身份认证通过后，用户可以登录自助移交终端 1，否则在液晶触摸屏 9 上提示用户身份认证失败，无法登录。另外，还可以通过在液晶触摸屏 9 上输入账号和口令的方式进行身份鉴别。

用户成功登录自助移交终端 1 后，液晶触摸屏 9 上将显示通过审批的密件移交列表，用户可以选择一条移交数据开始密件移交。

用户需要先使用条码枪 2 扫描密件每页的条码，CPU 模块 5 将条码信息传送给服务器 4。服务器 4 将根据这些条码信息查找密件的归属人信息，并判断当前的登录用户是否为该密件的归属人，如果是，则核对扫描密件条码个数及编号是否与该密件的实际页数和条码编号一致，如果一致则在液晶触摸屏 9 上提示是否要移交该密件。

如果确认移交，液晶触摸屏 9 将提示接收人刷卡，CPU 模块 5 将卡号传送给服务器 4，服务器 4 将判断该刷卡人与审批记录中接收人是否一致，如果一致则服务器 4 记录接收人信息，并在液晶触摸屏 9 上提示移交成功，至此密件移交过程结束。

如果在移交操作过程中，出现密件归属人与移交人不一致，或者移交密件的条码编号和页数与密件条码编号和实际页数不一致，或刷卡人与审批记录中接收人不一致，则液晶触摸屏 9 提示不能进行移交操作，移交失败。

另外，服务器 4 将自动记录密件移交审批日志和移交操作日志。审批日志包括审批时间、申请人、移交文件名称、审批人、审批结果等，移交操作日志包括移交时间、移交人、接收人、文件名称、密级、份数、页数、移交结果。

用户可以登录服务器 4 查询自己的密件移交历史。管理者也可以查询到密件移交情况，便捷地掌握密件归属的全部情况，有利于密件流转的管理和追溯。

【权利要求】

1. 密件移交监控方法，其特征在于，包括自助移交终端（1）、条码枪（2）、客户端电脑（3）和服务器（4），自助移交终端（1）、客户端电脑（3）通过网络与服务器（4）连接并进行数据通信，条码枪（2）通过自助移交终端（1）的串口将条码数据传递给自助移交终端（1），包括以下步骤：

A、密件移交申请前，在密件上固定唯一的密件身份标识，密件身份标识为条码，标记在密件每一页，且在服务器（4）上记录每份密件的页数和条码号，以及密件的归属人；

B、密件移交人在客户端电脑（3）上发起密件移交申请，密件移交申请的信息至少包括密件的页数、接收人姓名；

C、审批人登录客户端电脑（3）进行密件移交的审批工作；

D、审批通过后，密件移交人在自助移交终端（1）上刷卡或输入账号、口令进行身份认证；

E、认证通过后，服务器（4）进入密件核实状态，密件移交人开始移交操作；

F、密件移交人用条码枪（2）逐页扫描密件上的条码，服务器（4）根据条码信息查找密件的归属人信息，并判断当前的登录用户是否是该密件的归属人，如果是则核对扫描密件条码个数及编号是否与该密件的实际页数和条码编号一致，如果一致，服务器（4）进入确认状态；

G、密件接收人在自助移交终端（1）上刷卡或输入账号、口令进行身份认证，服务器（4）将判断该刷卡人与审批记录中接收人是否一致，如果一致则服务器（4）记录接收人信息，确认移交。

（二）案例分析

权利要求 1 请求保护一种密件移交监控方法，通过对密件移交人、密件接收人进行刷卡或输入账号、口令的身份认证，对密件信息通过条码信息匹配进行核实等手段，对密件移交过程进行监控。

对比文件 1 公开了一种验证系统和验证方法，并具体公开了以下特征：验证系统包括销售终端、服务器、消费者的移动终端，通过网络连接，销售终端采集货品上的货品标识码及消费者的移动终端识别码并发送至服务器，服务器将货品验证信息发送给消费者的移动终端。在货品出厂前，需要为货品打上标签，标签上包括标识码等关于该产品的相关信息，其上的标识码等产品信息及相关验证信息相关联，并存储在相关服务器。销售终端通过采集装置获取标识码，采集装置包括扫描枪，用于扫描货品标识码，货品标识码可以为一维码、二维码或多维码。收银员在使用销售终端的条码扫描枪进行扫描之前，需要在该扫描设备上输入自己的身份识别信息，如刷授权卡或输入账号、密码，验证成功后，方可使用该一维条码的扫描枪扫描货品附带的条码验证，扫描信息发送给服务器端，服务器对其进行验证。消费者在销售终端输入手机号码，若收到服务器发来的验证短信，则货物为真，可以购买。

权利要求 1 与对比文件 1 的区别特征包括：

（1）权利要求 1 涉及密件移交监控，对比文件 1 涉及货品验证；

（2）权利要求 1 的密件身份标识标记在密件的每一页，且在服务器上记录每份密件的页数，以及密件的归属人，相应地，密件移交人所发起的密件移交申请中至少包括密件的页数，而对比文件 1 中的货品没有与归属人和页数相应的属性；

（3）权利要求 1 的方法具有发起密件移交申请及审批步骤（即步骤 B、C），并在审批通过后继续后续的操作，而对比文件 1 没有审批步骤；

（4）权利要求 1 在密件移交人身份认证通过后进入密件核实状态，密件移交人开始移交操作，其中密件移交人逐页扫描密件的条码，服务器验证密件移交人与密件归属人是否为同一人，以及扫描条码个数与密件实际页数是否一致等（即步骤 E、F）；而对比文件 1 中的服务器通过扫描的条码验证货品的真伪；

（5）权利要求 1 的自助移交终端根据密件接收人输入的登录信息判断登录人是否为指定的密件接收人；对比文件 1 中的销售终端并不判断消费者的身份，只是将消费者输入的手机号发送到服务器，使手机能接收服务器发送的货品真伪验证短信。

基于上述区别特征可知，权利要求 1 相对于对比文件 1 实际解决的技术问题在于：如何监控密件移交过程，提高密件移交的安全性和保密性。

虽然信息交互及鉴权技术是本领域公知技术，在对比文件 1 的货品防伪验证方法中增加申请及审批步骤，消费者及售货员身份验证步骤，以及条码个数验证步骤，在技术实现上并没有太多需要克服的技术障碍；但是，在货品防伪验证这一应用场景下，并不存在对货品的所有部件进行防伪验证以及防伪验证的审批及鉴权的需求，现有技术并没有给出将上述区别特征应用于对比文件 1 的技术启示：

针对上述区别特征（1），从对比文件 1 的技术方案来看，其公开了一种对于货品进行防伪验证的解决方案，其采用的硬件虽然与本申请类似，但是在其应用领域以及运作流程上与本申请存在实质上的差别。

针对上述区别特征（2），虽然存在单页纸张作为商品，从而每页纸张都具有货品标志码的可能性，但是作为本领域的常识来说，本申请中的每份密件（相对应于一个货品）是由多页所组成，也就是说，本申请的每个密件的每页都具有密件身份标识，相当于对于一个货品的不同组成部分都分别设置相应的货品标识码，但这种情形在以整个货品为销售单位的常规销售模式中通常是不需要的。因此，在对比文件 1 的方案的基础上，本领域技术人员没有动机去为单个货品的每个组成部分都设置货品标识码并将其统计并存储在服务器中。另外，虽然对比文件 1 预先存储了商品的验证信息，该信息与货品标识码相关联，但是由于商品本身的特性，其在销售过程中不存在指定的售货员，也就是说，其在服务器所存储的信息中不需要也不可能包含售货员的信息。

针对上述区别特征（3），对比文件 1 的验证过程中不存在设置上级审批步骤的需要，因为其销售终端的使用者是售货员，售货员验证通过后所提供的服务是扫货品标识码并指导消费者输入接收验证结果的手机号码等，这个步骤是货品销售的正常流程之一。如果售货员要发起验证一个在架销售货品的操作，也不存在需要向相应的部门申请审批的必要性。另外，诸如确定货品是否可以上架销售等的审核应当是在消费者能够选购该货品之前进行，而不会出现在消费者选购该商品并进行验证真伪的过程中。

针对上述区别特征（4），对比文件 1 的售货员虽然发起对一件货品的真伪验证操作，但是其并不是货品的所有者，即其与某件货品并不是相关联的，不存在对应关系，其身份验证通过后所具有的权限就在于可以使用扫描器等扫描任意一件消费者挑选的商品，而不需要对该售货员与所述货品之间是否存在对应关系进行核实。因此，在对比文件 1 的基础上，本领域技术人员不具备将某个售货员与某件商品相联系，从而使它们之间具有归属关系的改进动机。

针对上述区别特征（5），对比文件 1 中的销售终端不判断消费者的身份，只是将消费者输入的手机号发送到服务器，使手机能接收服务器发送的货品真伪验证短信。从对比文件 1 的技术方案所应用的场景考虑，其不存在验证消费者身份的需要。

综上所述，由于对比文件 1 与本申请在应用场景上的差异，导致验证方法的具体流程存在差异，并且由于商品真伪验证应用中不存在密件移交监控及审计的具体需求，例如，待验证物品的每个部分均需具有条码、对物品验证移交进行审批、需验证物品归属人或接收人的身份等。因此，面对对比文件 1 的技术方案，本领域技术人员不存在将该技术方案应用于密件移交领域中，并对方法流程进行相应的改进以解决本申请的技术问题，从而获得本申请权利要求 1 的技术方案的动机。因此，本领域技术人员难以想到将上述区别技术特征应用到对比文件 1 中得到权利要求 1 请求保护的技术方案；并且，正是由于适用于基于密件移交这一特定应用场景的相关流程的设置，使得该权利要求请求保护的技术方案获得了对密件移交过程的监控，可确保密件仅能在被授权人员之间进行移交，从而避免了无意识的扩大密件的知悉范围的技术效果。因此权利要求 1 具有突出的实质性特点和显著的进步，符合《专利法》第 22 条第 3 款规定的创造性。

(三) 案例启示

对于涉及商业模式的申请，即使申请中的硬件架构可能与最接近的现有技术相似，但是如果由于两者应用场景及解决的问题不同，进而导致两者在方案上存在实质上的差别，使得本领域技术人员在面对最接近的现有技术的方案时，没有动机将现有技术的方案应用于运作流程实质不同的其他场景中，并对方案进行相应的改进以解决其技术问题，则申请相对于现有技术具备创造性。

但是，对于申请与现有技术的应用场景不同仅在于两者处理的数据对象不同，而技术方案的运作流程并不存在实质上不同的情形，由于这种区别并未使得两者的技术方案存在实质上的差别，则该申请相对于现有技术不具备创造性。

■ **案例5：黑白名单风险控制方法**

（一）案情介绍

【背景技术】

当前的电子商务网站普遍拥有成熟安全的软硬件系统和维护管理流程，客户与商户、商户与金融机构间亦通过专线或在公网间使用安全电子交易协议实现了安全高效的自动化通信。数据分析显示，造成欺诈或异常交易损失的主要原因是日益严重的敏感电子信息泄露。

恶意伪造或被窃取的真实信用卡信息、账户证书信息都会使现有电子交易模式中的安全验证机制失效。一旦发生此类情况，商户往往需要承担严重的经济损失。而金融机构的安全措施一般存在滞后性，善后工作也需要商户投入很高的人力及时间成本，往往事倍功半，对企业利润产生负面影响。

【问题及效果】

通过采集业内欺诈交易信息，用数据建模技术建立电子支付交易风险模型数据库，并提供商业化的交易风险预判系统应运而生。例如，国际领先的支付卡交易风险控制服务供应商即提供此类产品。

此类技术可以较及时地共享服务供应商累计的已知欺诈信息，并为客户在其模型框架内提供风险等级评分。但使用此种方式也存在明显的缺陷：这类风控模型要求提供详尽的用户敏感信息和订单信息作为数据支撑，无论采用何种加密方式，在公网间频繁传输此类信息也存在大规模信息泄露的风险，机密的核心商业数据将处于未知的不可控状态。服务商提供的风控模型具有行业普适性。但是对特定行业的风险评分准确率并不能达到最优化；稳定的模型结构也不一定能满足商户快速灵活的业务变化，且沟通维护成本高。

本申请提供一种电子支付交易风险控制方法及系统，能够在减少成本投入并且不泄露公司及用户机密信息的前提下降低和预防企业在电子交易方面的风险和损失。

【实施方式】

图3-2-3是本申请提供的电子支付交易风险控制系统的原理图，与电子支付交易风险控制系统发生交互的对象包括但不限于：外部产品线、各产品线支付平台（机票、酒店、度假等）、自动化支付系统（收银系统）、自动定时处理触发程序（定时器）、规则制定人员、风控订单操作人员、第三方（DeviceID信息提供者）和商业智能部（历史统计信息提供者）等。

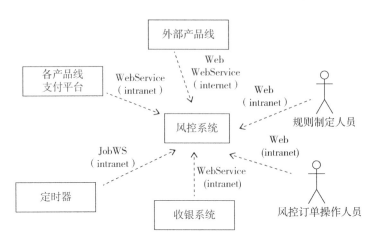

图 3-2-3　电子支付交易风险控制系统

图 3-2-4 是本申请提供的电子支付交易风险控制方法的工作流程图。

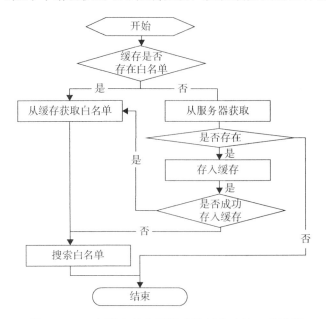

图 3-2-4　电子支付交易风险控制方法的工作流程

本申请提供的电子支付交易风险控制方法包括如下步骤：

步骤 S1，根据业务类型将客户端待审核的电子支付交易请求的格式转换为相应的交易数据；

步骤 S2，判断所述格式转换是否成功，若成功，则转到步骤 S3，若不成功，则转到步骤 S8；

步骤 S3，从所述交易数据获取待审核参数并保存至缓存表中，根据所述待审核参数搜索预设的白名单，若所述待审核参数命中所述白名单，则转到步骤 S4，若所述待审核参数未命中所述白名单，则转到步骤 S5；

步骤 S4，审核通过所述电子支付交易请求；

步骤 S5，根据所述待审核参数搜索预设的黑名单，若所述待审核参数命中所述黑名单且命中所述黑名单的评分小于一预设阈值，则转到步骤 S6，若所述待审核参数命中所述黑名单且命中所述黑名单的评分大于等于一预设阈值，则转到步骤 S4；

步骤 S6，根据所述待审核参数获取关联的历史交易数据和预设的校验规则，并根据历史交易数据和预设的校验规则，判断所述待审核参数是否符合所述校验规则，若符合，则转到步骤 S4，若不符合，则转到步骤 S7；

步骤 S7，拒绝所述电子支付交易请求；

步骤 S8，返回失败异常信息。

【权利要求】

1. 一种电子支付交易风险控制方法，其特征在于，包括：

根据业务类型将客户端待审核的电子支付交易请求的格式转换为相应的交易数据；

判断所述格式转换是否成功，若不成功，则返回失败异常信息；

若成功，则从所述交易数据获取待审核参数并保存至缓存表中，根据所述待审核参数搜索预设的白名单，若所述待审核参数命中所述白名单，则审核通过所述电子支付交易请求；

若所述待审核参数未命中所述白名单，则根据所述待审核参数搜索预设的黑名单，若所述待审核参数命中所述黑名单且命中所述黑名单的评分大于一预设阈值，则根据所述待审核参数获取关联的历史交易数据和预设的校验规则，并根据历史交易数据和预设的校验规则判断所述待审核参数是否符合所述校验规则，若符合，则审核通过所述电子支付交易请求，若不符合，则拒绝所述电子支付交易请求；

若所述待审核参数命中所述黑名单且命中所述黑名单的评分小于等于一预设阈值，则审核通过所述电子支付交易请求。

（二）案例分析

权利要求1请求保护一种电子支付交易风险控制方法，根据预先设置的白名单、黑名单及预设阈值，对电子支付交易请求进行审核。

对比文件1公开了一种电子银行风险监控方法：风险监控子系统通过渠道交易系统采集电子渠道联机交易的交易信息，根据至少一条风险规则对所述交易信息进行风险识别，得到结果值，根据所述结果值和风险阈值的关系判断是否需要生成风险监控数据，并在判断为是时根据所述交易信息生成风险监控数据，将所述风险监控数据发送到所述渠道交易系统；当有客户通过电子渠道发起联机交易时，所述渠道交易系统根据所述风险监控数据对所述联机交易进行风险监控；风险监控子系统根据预先配置的交易信息模型对采集到的交易信息的交易流水数据进行数据抽取、转换和装载处理，然后对处理后的交易信息进行风险识别；所述风险监控数据包括黑名单和白名单，判断所述联机交易中的信息是否属于所述白名单，判断为是时，审核通过，处理该联机交易并生成交易信息；如果该联机交易信息不属于所述白名单，则判断所述联机交易中的信息是否属于所述黑名单，判断为是时阻断该联机交易，判断为否时则将该联机交易信息提交给风险确认子系统，由风险审核人员进行风险识别。

将权利要求1的技术方案与对比文件1进行对比可见，二者的区别有两点：

（1）在格式转换后需要判断转换是否成功，若成功，则从所述交易数据获取待审核参数并保存至缓存表中，若不成功，则返回失败异常信息；

（2）若所述待审核参数命中所述黑名单且命中所述黑名单的评分大于一预设阈值，根据所述待审核参数获取关联的历史交易数据和预设的校验规则，并根据历史交易数据和预设的校验规则判断所述待审核参数是否符合所述校验规则，若符合，则审核通过所述电子支付交易请求，若不符合，则拒绝所述电子支付交易请求；若所述待审核参数命中所述黑名单且命中所述黑名单的评分小于等于一预设阈值，则审核通过所述电子支付交易请求。

基于权利要求1与对比文件1之间存在的上述区别可以确定，权利要求1的技术方案实际解决的技术问题是如何提高电子交易风险审核的准确性。

针对上述区别（1），在将交易数据按照特定格式进行转换时，如果数据格式转换成功则将其保存在缓存以供后续处理，如果不成功则返回提示信息，这是本领域技术人员知晓的惯用技术手段。

针对上述区别（2），虽然对比文件1和本申请对于不属于白名单的联机交易信息的具体处理方式有所不同，但是两者都是基于黑、白名单及风险阈值来决定对联机交易的风险审核策略，即两者都考虑了如何对"灰名单"相关的联机交易进行风险管控以提高审核的准确性。本领域技术人员在对比文件1的基础上容易想到，对于白名单之外的交易请求按照风险等级进行分级处理，例如，对风险较高的联机交易进行再次审核，对风险较低的联机交易予以审核通过等，即上述区别特征（2）属于本领域的惯用技术手段。

因此，权利要求1请求保护的技术方案相对于对比文件1和本领域惯用技术手段的结合不具备《专利法》第22条第3款规定的创造性。

（三）案例启示

设置白名单、黑名单（包括灰名单）在网络安全领域是惯用技术手段，如防火墙、邮件拦截、杀毒软件等广泛使用了类似手段。这些手段应用于网络安全领域时，并不会被质疑其技术性，同样，当将其应用于电子支付领域以实现安全验证时也不应当否认其技术性。

这些看似规则相关的特征能够解决提高安全性的技术问题并且获得确定的技术效果，因此应当与其他技术特征等同对待，不应当因为其应用于"电子商务"场景就将其认定为"非技术特征"。应当从本领域技术人员的角度，客观评价权利要求请求保护的技术方案相对于现有技术是否显而易见。

■ 案例6：基于区块链的互助保险和互助保障运行方法

（一）案情介绍

见第二章第五节案例23案情介绍。

（二）案例分析

如本书第二章第五节所分析的，权利要求1请求保护的方法构成技术方案，所述方法能够解决提高信息安全性及防止规则被篡改的技术问题，方案中记载的技术手段包括利用区块链来存储相关信息，利用智能合约存储预设规则并对存储的信息进行验证，并可以获得相应的技术效果。

对比文件1公开了一种在区块链上的投票及CA证书的管理方法，并具体公开了如下内容：在区块链创世块记录最初一批具有投票权的公钥地址和每个公钥的投票数，在区块链上规定投票人签名投票超过一定比例的票数可使提案生效并写入区块链；区块链上的公钥地址的权限是通过与其关联的CA证书来规定的，在与公钥地址发生交易时，只有符合CA证书允许的权限范围内的行为才会被写入区块链上生效；投票人可以通过投票直接规定区块链各种功能的服务器的访问权限，将可访问的地址加白名单 CA 关联到服务器的公钥，写入区块链，把不可访问的公钥地址加入黑名单，写入区块链；可在区块链上提供查询接口，用户可通过接口查询投票提案、投票公钥的投票权票数、各级 CA 中心证书的列表和权限、不同公钥地址作为服务器的功能权限、白名单或黑名单列表等。

权利要求 1 请求保护的方案与对比文件 1 公开的方案的区别仅在于：本申请存入区块链的是用户的注册信息和缴费信息，智能合约存储的是最低加入金额、每次均摊金额规则或最高互助金额及预设规则；从网络平台接收的用户申请为赔付申请，交叉验证通过时将赔付申请写入智能合约并根据预设的规则输出相应的赔偿额度。由此，本申请实际要解决的问题是提高保险理赔的公平性和公正性，进而降低运行成本。

对比文件 1 已经公开了如何通过在分布式服务器上存储区块链数据从而防止信息被篡改、通过投票机制防止规则被随意修改的技术手段，本申请的解决方案是将已有的区块链技术的数据防篡改手段应用于保险理赔服务中，从而解决保险理赔中不公正、不公平且容易按人的主观因素修改规则的问题。显然，本申请实际要解决的上述问题并非技术问题。为解决上述问题，上述区别特征所涉及的手段也仅仅是将与保险理赔相关的缴费信息、赔付额度等内容作为存入区块链中的数据，将赔付规则和互助收费标准存储在合约中，并在提出赔付申请时输出赔偿额度，上述区别特征不会给本申请的解决方案带来任何技术上的贡献。因此，权利要求 1 请求保护的解决方案不具备突出的实质性特点和显著的进步，因而不具备《专利法》第 22 条第 3 款规定的创造性。

(三) 案例启示

对比文件 1 虽然没有公开区块链在互助保险和互助保障领域应用的技术方案，但是公开了如何通过在分布式服务器上存储区块链数据从而防止信息被篡改、通过投票机制防止规则被随意修改的技术手段。因此，本申请声称要解决的技术问题及所采用的技术手段已经被对比文件 1 公开。本申请在将已有区块链技术的数据防篡改手段应用于保险理赔服务的过程中，没有对已有区块链技术的数据安全性能作出任何技术上的改进，而仅仅是利用已有区块链的结构和机制完成诸如保险理赔等商业运作。因此，这种应用整体上不会给方案的创造性带来任何技术贡献。

第三节　商业规则不同会否给方案带来创造性

对于涉及商业模式的技术方案，判断其是否具备创造性，不能仅根据其中的硬件结构已经是现有技术而直接得出其不具备创造性的结论，还应当结合其所涉及的商业模式从整体上判断方案要解决的技术问题，以及为了解决此技术问题而采用的符合自然规律的手段是否已被现有技术公开。如果商业模式与其中的技术特征相互之间存在技术上的关联，共同解决该技术问题，那么在评价创造性时需同样考虑此部分和与技术特征在技术上紧密关联的商业模式相关特征。

■ 案例7：左右记账处理方法

（一）案情介绍

【背景技术】

随着办公自动化的发展，利用计算机技术实现记账处理的财务系统已为广大用户所接受。其中，记账处理主要是对记账信息进行录取，并将录取的信息登录到账本中。

目前，通常采用借贷记账法进行记账处理，所述的借贷记账法是一种以"借""贷"为记账符号，记录经济业务的复式记账法。在这种记账处理方法中，根据用户输入的记账信息，生成对应的账本，且针对不同的账本通常需要采用不同的账本填写方案，每种账本的填写方案均对应于一个账本模板，基于账本模板进行账本的填写。

【问题及效果】

现有记账处理方法中，由于不同的账本需要不同的账本填写方案，对于用户来说，有新账本时，使用传统记账处理方法的装置无法在不更新装置的情况下直接支持新账本，而装置需要重新确定该新账本的填写方案，导致记账处理的通用性较差，同时用户无法在不更新装置的基础上直接增加对新账本类型的支持。

为此，提供一种左右记账处理方法及基于该方法的记账处理装置，通过获取账本的账本类型，基于左左右右规律确定账本名对应的交易金额为左栏金额还是右栏金额，从而可实现账本的登录，使得账本的处理过程对任何账本都是通用的，可有效提高账本处理的通用性。

【实施方式】

每个账本均满足以下等式：资产+费用＝负债+投资者资本+收入。因此，所述账本类型是基于该等式，确定账本是属于左账本还是右账本。其中，左账本是指对应于等式左边的项目的账本，右账本是指对应于等式右边的项目的账本。为此，用户维护有一个账本类型数据库，该账本类型数据库中记载有上述等式中每个项目所对应的账本名，根据账本名，可以从该账本类型数据库中查询得到账本名对应账本的账本类型。

左左右右规律是指：账本名对应的账本为左账本时，将账本名对应的增加的金额确定为左栏金额，减少的金额确定为右栏金额；账本为右账本时，增加的金额确定为右栏金额，减少的金额确定为左栏金额，这样做的目的是维持上述等式永远是成立的。其中，所述左栏金额和右栏金额是账本或记账凭证中的左栏对应的金额和右栏对应的金额，且左栏代表传统账本中的借，右栏代表传统账本中的贷。

所述账本是指一个账本表，包括账本名及账本的左栏和右栏。对账本处理，是将记账信息中的账本名对应的交易金额准确地登录在账本中的左栏或右栏，所述登录是在账本的左栏和右栏填写记账信息中的账本名对应的交易金额。

如图3-3-1所示，本记账处理方法可包括如下步骤：

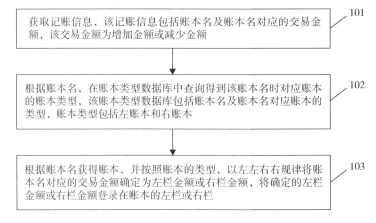

图3-3-1　记账处理方法步骤

步骤101、获取记账信息，该记账信息包括账本名及账本名对应的交易金额，该交易金额为增加金额或减少金额；

步骤102、根据账本名，在账本类型数据库中查询得到该账本名对应账本的账本类型，该账本类型数据库包括账本名及账本名对应账本的类型，账本类型包括左账本和右账本；

步骤 103、根据账本名获得账本，并按照账本的类型，以左左右右规律将账本名对应的交易金额确定为左栏金额或右栏金额，将确定的左栏金额或右栏金额登录在账本的左栏或右栏，其中，账本包括账本名及记录金额的左栏和右栏。

本实施例可应用于财务系统中，用于账本的处理，在对记账信息中的某一账本名进行记账登记时，可通过查询账本类型数据库来确定账本名对应账本的账本类型。在账本的类型确定后，就可以根据账本名获得账本，并可按照左左右右规律将账本名对应的交易金额填写在账本的左栏或右栏。这样，在记账处理过程中，所有账本均可按照相同的方式填写，使得账本的处理具有较强的通用性。

上述记账信息中还可包括与账本名对应的相关说明，例如业务类型、日期等，这样，在账本中也可包括这些信息，即账本的每一行除了有左栏金额或右栏金额外，也可以登录相应的相关说明。在登录记账信息中账本名对应的交易金额时，若已经存在该账本名对应的账本，则可在已有账本基础上登录该账本名对应的交易金额，即通过在已有账本的基础上追加记账信息中账本名对应的交易金额到左栏或右栏，实现对账本的更新；若不存在账本名对应的账本，则可根据账本名直接生成新的账本，并在新的账本中登录账本名对应的交易金额到左栏或右栏。具体地，上述根据账本名获得账本可包括：根据账本名查找是否已经存在账本，是则直接获得账本，否则使用账本名生成账本。

【权利要求】

1. 一种左右记账处理方法，其特征在于，包括：

获取记账信息，所述记账信息包括账本名及账本名对应的交易金额，所述交易金额为增加金额或减少金额；

根据所述账本名，在账本类型数据库中查询得到所述账本名对应账本的类型，所述账本类型数据库包括账本名及账本名对应账本的类型，所述账本类型包括左账本和右账本；

根据所述账本名对应账本的账本类型，以左左右右规律将所述账本名对应的交易金额确定为左栏金额或者右栏金额，并将所述账本名及确定的左栏金额或右栏金额登录在记账凭证中，其中，所述记账凭证包括账本名、以及记录金额的左栏和右栏；

根据所述账本名获得所述账本，并按照所述账本的账本类型，以左左右右规律将所述账本名对应的交易金额确定为左栏金额或右栏金额，将确定的所述左栏金额或右栏金额登录在所述账本的左栏或右栏，其中，所述账本包括账本名及记录金额的左栏和右栏；

其中，所述左左右右规律具体为：账本的账本类型为左账本，且账本的账本名对应的交易金额为增加金额时，将账本名对应的交易金额作为左栏金额，否则将账本名对应的交易金额作为右栏金额；账本的类型为右账本，且账本名对应交易金额为增加金额时，将账本名对应的交易金额作为右栏金额，否则将账本名对应的交易金额作为左栏金额。

（二）案例分析

本申请提出一种左右记账处理方法，基于账本类型数据库中的账本名与账本类型的对应关系，提高了账本处理的通用性。

对比文件1公开了一种财务数据处理方法，并具体公开了如下内容：接收用户通过前台界面的输入，从数据库中提取用户指定的会计分录文件，其中所述会计分录文件中的会计分录信息包括账户标识、账户变动信息、账户类别，所述账户类别包括借方账户和贷方账户；接收用户通过前台界面输入的账务数据；基于账务数据修改所述会计分录文件中的会计分录信息；在所述会计分录信息修改完毕后，查询数据库，提取与所述会计分录信息中的账户标识对应的账户金额文件；基于所述会计分录信息中的账户变动信息，更新所述账务金额文件，所述更新所述账户金额文件包括更新对应借方账户的账户金额文件和对应贷方账户的账户金额文件。由此可知，本申请权利要求1中涉及获取记账信息、数据库查询、根据账户类型和输入数据自动更新账本的内容已被对比文件1公开。

权利要求1请求保护的方案相对于对比文件1存在如下区别特征：根据所述账本名对应账本的类型，以左左右右规律将所述账本名对应的交易金额在记账凭证或账本中确定为左栏金额或者右栏金额。所述左左右右规律具体为：账本的类型为左账本，且账本名对应的交易金额为增加金额时，将账本名对应的交易金额作为左栏金额，否则将账本名对应的交易金额作为右栏金额；账本的类型为右账本，且账本名对应的交易金额为增加金额时，将账本名对应的交易金额作为右栏金额，否则将账本名对应的交易金额作为左栏金额。基于上述区别特征可以确定，本申请权利要求1实际要解决的问题为：以何种规则对交易金额进行账本记录。

如前所述，对比文件1公开了对借方账户和贷方账户的财务金额文件进行更新的方案，与权利要求 1 的区别在于记账的规则不同。权利要求 1 对于借方账户类型仍为增加的金额填写在账本的左栏、减少的金额填写的账本的右栏，对于"贷方账户"类型更改为增加的金额填写在账本的右栏、减少的金额填写在账本的左栏。上述特征属于对记账格式和规则的更改，是按照人的主观意愿设定的记账方式。这种规则设定方式可以根据财务记账的实际需要进行任何形式的调整和变化，属于一种商业上记账规则的制定，其并未对现有技术作出任何技术贡献。因此，权利要求 1 相对于对比文件 1 不具备《专利法》第 22 条第 3 款规定的创造性。

根据本申请可以看出，现有技术中已经公开了从数据库中读取多个文件，分别提取其中各个字段的内容来合并更新数据表等技术手段，其同样应用于财务记账领域，也是用于对账户标识、账户变动信息、账户类别等内容进行查询更新的技术手段，二者无论是在核心技术实现手段还是在应用环境层面都是相同的。二者的区别仅在于本申请记载的方案将所述账本名对应的交易金额在记账凭证或账本中确定为左栏金额还是右栏金额是按照所设定的左左右右规律进行的，即如何按照此规律来登记交易金额。基于该区别特征，权利要求 1 请求保护的方案实际解决的是登记交易金额的具体格式的问题，这只是将账本按照何种方式进行排布的非技术问题。这种记账版式的设定方式是按照人的意愿设定账本的排布形式，其只受人意愿的支配而不受自然规律的约束，实施该方案的过程仅仅是教导人们将什么样的交易金额填写在左边，什么样的交易金额填写在右边的过程。换句话说，这种教导并非基于技术上的考虑，而是完全根据人的意愿所作出的规定，如左右对调或增加一列或多列等，因此并未从整体上给方案带来任何技术上的贡献。

从本申请中还可以看出，对于权利要求中记载的同一特征在"技术性"方面的认定在任何阶段应该保持一致。对于规则性内容而言，不包含任何技术特征的单纯的记账规则属于智力活动的规则和方法，同时因其不会解决技术问题、未采用技术手段、亦无法获得技术效果而不构成技术方案。此时，如果将某些其他技术特征补入该单纯的记账规则，使其方案除了智力活动的规则和方法还包括技术特征，那么从整体上判断时，该方案由于包括技术特征而不属于智力活动的规则和方法，更进一步地还可能由于这些技术内容的存在而能够相应地解决一定的技术问题、获得一定的技术效果，从而满足技术方案的要求。但是，如果增加的技术内容与所述记账规则并无技术上的关联，即所述记账规则从整体上在方案中解决的问题（或所起的作用）仍然是如何规范登记的记账格式，那么在进行创造性评判时，倘若该权利要求与对比文件的区别特征仅在于该记账规则，那么该记账规则整体上在方案中所起的作用依然是规范登记的记账格式，从而不会对方案带来技术上的贡献，亦即不会因为该部分内容的存在而使方案具备创造性。

(三) 案例启示

在涉及商业模式的申请的创造性评判中，当方案与现有技术相比，区别特征如果全部是人为制定的规则性的非技术内容，并且这些内容与方案中的技术内容之间不存在技术上的关联或共同作用，从整体上判断上述区别特征没有使方案解决技术问题，那么将认为该区别特征没有对方案作出技术贡献，也不会因为该区别特征而使整个方案具备创造性。

■ 案例 8：赢取游戏机会的方法

(一) 案情介绍

【背景技术】

现有的游戏场游戏，如掷色子之类的游戏，属于技能类游戏，不能赢取额外的游戏机会。现有的更加互动的游戏，如二十一点之类的纸牌游戏，虽然可以向庄家索取额外的牌，但这种赢取机会的方式是该纸牌类游戏规则事先约定好的，也就是说赢取游戏机会靠的是约定的规则而非用户技能，游戏的结果取决于游戏的预定几率，而与玩家自身的技能没有关系。显然，赢取额外机会对于许多游戏场游戏玩家有吸引力。

【问题及效果】

本申请要解决的问题是提供基于技能的游戏机会，即让玩家通过自身技能来赢取更多游戏机会，从而提高游戏的吸引力。

【实施方式】

图 3-3-2 为基于技能的虚拟牌游戏的界面。特定游戏的嘉奖块符号是星形 403，具有嘉奖块符号 403 的匹配牌集合比其他匹配集合奖励更多。在游戏开始时，游戏构造包括多个牌 411 的三维牌结构 416。牌结构可以是任何形状的多面体，从而使牌具有可以在其上应用符号的可定义的"面"并且具有边缘，牌可以在彼此旁边堆叠。牌 411 的至少一面上包括至少一个符号。每个牌可以具有多于一个符号，该符号在牌的单个面上具有多于一个符号和/或在牌的多于一面上具有符号。

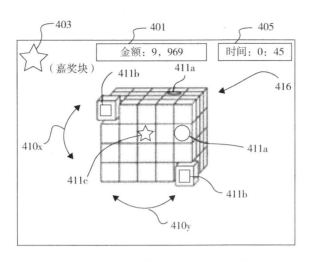

图 3-3-2　基于技能的虚拟牌游戏界面

在游戏开始时向玩家显示牌结构 416。游戏经由在显示设备上的触摸输入或者经由在游戏机上的控制器件如按钮、旋钮、转盘、操纵杆等从玩家接收旋转输入。旋转输入指示用于绕着轴旋转牌结构 416 的方向，从而玩家可以看见牌结构 416 上的具有暴露面的其他牌 411。牌结构 416 可被旋转并且在牌结构 416 的不同侧上放置匹配牌，玩家通过触摸显示屏来选择第一张牌和第二张牌，如果第一张牌牌面上的符号与第二张牌牌面上的符号相同，那么游戏机从所述牌结构 416 中去除玩家选择的第一张牌和第二张牌，当具有匹配符号的嘉奖牌显示出来后，游戏机将该嘉奖牌奖励给玩家。如果两个匹配符号位于牌结构 416 的不同平面上则需要更高的游戏技能。

【权利要求】

1. 一种用于虚拟牌游戏方法，包括：

由游戏机设置多张嘉奖牌；

由游戏机在存储器中预先存储多种三维牌结构，所述三维牌结构由多张牌堆叠在一起构成，其中每张牌的牌面具有一个符号；在任何给定时间内，一些牌的牌面在显示器上可见，其他牌面由于被遮挡而不可见，所述三维牌结构具有至少两个旋转轴；嘉奖牌被堆叠在该三维牌结构中；

在游戏机的显示器上显示所述三维牌结构，玩家通过触摸显示器来选择所述三维牌结构的旋转轴；游戏机基于玩家确定的旋转轴在显示器上旋转显示所述三维牌结构；

玩家通过触摸显示器来选择第一张牌和第二张牌；

如果第一张牌牌面上的符号与第二张牌牌面上的符号相同，那么游戏机从所述三维牌结构中去除玩家选择的第一张牌和第二张牌；

当嘉奖牌显示出来后，游戏机将该嘉奖牌奖励给玩家。

（二）案例分析

权利要求 1 请求保护一种用于虚拟牌的游戏方法，其构建了一个使玩家能够有机会获取嘉奖牌的方案，在该方案中既包含游戏规则，也包含虚拟牌游戏对象的构建方法及操作方式。

对比文件 1 公开了以下内容：一种游戏设备和方法，所述游戏设备包括可触控的显示器屏幕和存储器，所述存储器中预先存储有多种图形；在显示器屏幕上可以显示所述多种图形，玩家通过触控显示器屏幕来选择所述图形的显示方式，所述显示方式包括放大图形和缩小图形。

权利要求 1 相对于对比文件 1 的区别仅在于：（1）奖励规则，即由游戏机设置多张嘉奖牌，如果第一张牌牌面上的符号与第二张牌牌面上的符号相同，那么游戏机从所述三维牌结构中去除玩家选择的第一张牌和第二张牌，当嘉奖牌显示出来后，游戏机将该嘉奖牌奖励给玩家；（2）显示规则，即所述三维牌结构由多张牌堆叠在一起构成，其中每张牌的牌面具有一个符号；在任何给定时间内，一些牌的牌面在显示器上可见，而其他牌面由于被遮挡而不可见，所述三维牌结构具有至少两个旋转轴；嘉奖牌被堆叠在该三维牌结构中。权利要求 1 请求保护的方案实际要解决的问题是如何呈现牌及如何奖励牌。

但是，为了赢取游戏机会而将牌类游戏和技能游戏结合起来的创意并不受自然规律约束。此外，为了增加游戏难度，设计牌面的显示规则亦不受自然规律约束。因此，上述区别特征从整体上并不能使方案解决技术问题，上述区别特征不构成技术手段，不会给现有技术带来任何技术上的贡献。因而权利要求 1 不具有突出的实质性特点和显著的进步，不具备《专利法》第 22 条第 3 款规定的创造性。

（三）案例启示

在创造性评判过程中需注意，对于客体判断过程中认为未与技术特征共同作用从而未对方案带来技术影响的非技术特征，在创造性评判过程中同样不应认为是对现有技术做出技术贡献的特征。在本申请中，权利要求 1 与现有技术的区别特征所构成的不是遵循自然规律的技术手段，其解决的问题不是技术问题，因而不会给现有技术带来任何技术贡献。

第四节　用户体验改进在创造性评判中的考量

互联网相关领域许多创新方案是在考虑用户需求和信息利用的基础上提出的解决方案，涉及底层技术的改进较少。但是由于准确定位用户痛点，从而能够极大地提升用户的体验。另一方面，为了提升用户感官上的体验，诸如视觉、听觉等体验，会提出更加便捷、快速操作等的操控体验的解决方案。

对于涉及改善用户体验的技术方案，应从本领域技术人员的角度出发，正确看待改善用户体验而采用的技术手段，结合具体案情具体分析所述方案是否具备创造性。

■ 案例 9：事件的动态观点演变的可视化方法

（一）案情介绍

见第二章第二节案例 6 案情介绍。

（二）案例分析

权利要求 1 请求保护一种动态观点演变的可视化方法，通过基于信息的情感分类和情感隶属度建立所述信息集合的情感可视化图形的几何布局并着色，从而对情感分析的结果进行可视化，提升了人机交互性。

对比文件 1 是最接近的现有技术，公开了一种基于主题的文本可视化分析方法，并具体公开了：表示动态的文档集合方法中最流行的是基于 Theme River 的方法，在这类可视化方法中，时间被表示为从左往右的一条水平轴，每条色带在不同时间的宽度代表该主题在该时间的一个度量，Theme River 将每个主题在每个时间刻度上概括为一个简单的数值，用不同的色带代表不同的主题。

权利要求 1 所要求保护的技术方案与对比文件 1 的区别特征在于：

（1）确定所采集的信息集合中信息的情感隶属度，所述情感隶属度表示该信息以多大概率属于某一情感分类，且依据情感隶属度对几何布局着色；

（2）情感分类具体分类方法为：如果在统计时间点之前的所有点赞的数目 p 除以所有点踩的数目 q 的比值 r 大于预定阈值 a，那么认为该事件的信息的情感分类为积极；如果比值 r 小于预定阈值 b，那么认为该事件的信息的情感分类为消极；如果比值 r 满足 $b \leqslant r \leqslant a$，那么该事件的信息的情感分类为中立，其中 $a > b$。

因此，基于权利要求 1 与对比文件 1 之间存在的上述区别可以确定，权利要求 1 实际要解决的问题是：如何呈现情感变化以及如何进行情感分类。

对于区别特征（1）对比文件 2 公开了一种基于语言模型的情感分类方法，并具体公开了：通过收集互联网上的博客文章以及对该博客文章的评论信息作为原始语料库，计算评论信息中词空间 V 中的每个词在正面和负面语料库中出现的概率；计算文本语言模型 LMT 与正面情感语言模型 LMP、负面情感语言模型 LMN 之间的距离，分别记为 DistP 和 DistN 用于对评论信息进行情感分类，当 DistP > DistN 时判别评论信息文本的情感为负面，当 DistP < DistN 时判别评论信息文本的情感为正面；当 DistP = DistN 时判别评论信息文本的情感为中性。因此，对比文件 2 实质公开了对博客文章的评论信息进行情感分类并计算其情感隶属度的启示。面对对比文件 1 已经公开了对不同分类的信息进行可视化的方案，本领域技术人员很容易将对比文件 2 的内容结合到对比文件 1 中，从而实现对博客文章评论信息进行情感可视化的方案。同时，对比文件 1 公开了用不同的着色来代表不同的信息主题，而 Theme River 是本领域公知的一种颜色代表图，其颜色可以代表多种信息，本领域技术人员很容易想到可以用颜色来表示评价信息的情感隶属度。

对于区别特征（2）在解决如何确定情感分类的问题时，其涉及的具体手段为：利用某条信息的点赞和点踩的数目之间的数值关系作为情感分类规则，这种分类规则的设置依据的是人的主观规定，而非利用自然规律的技术手段。因此，通过区别特征（2）在整个方案中的作用可知，如何确定情感分类并非技术问题，上述区别特征（2）不会给权利要求 1 的创造性带来任何技术上的贡献。

由此可知，在对比文件 1 的基础上结合对比文件 2 公开的内容及本领域的公知常识，以获得如权利要求 1 所述的技术方案，对本领域的技术人员来说是显而易见的，因此权利要求 1 所要求保护的技术方案不具备突出的实质性特点和显著的进步，因而不具备《专利法》第 22 条第 3 款规定的创造性。

(三) 案例启示

对于涉及大数据处理并可视化显示的解决方案，一般来说，由于其方案往往涉及显示规则的内容，例如，基于情感隶属度对所建立的几何布局进行着色，所述几何布局中以横轴表示信息产生的时间，以纵轴表示属于各情感分类的信息数量等，故而在判断这些特征是否属于利用了自然规律的技术手段时产生困惑。由于这些看似显示规则的特征与计算机图形显示、图形处理等手段紧密关联，当方案为解决图形化显示的技术问题而采用了利用特定图形、特定图像处理等手段时，其遵循的是自然规律。因此，在评价创造性时，这些特征均需予以考虑，从方案的整体上判断其是否显而易见。

但是，对于方案中没有利用自然规律解决技术问题的非技术特征，不会由于这些没有利用自然规律的特征的限定使得本来不具备创造性的方案变成具备创造性，从而保证了对某一特征是否具备技术性的认定在客体判断过程与创造性评判过程中保持一致。

■ 案例10：换肤方法

（一）案情介绍

【背景技术】

人们通过各种各样的客户端软件实现各种功能，如即时通讯软件、音乐盒、邮箱等。其中，一部分客户端软件存在与之联动的网页，如本地的"音乐盒"和与之联动的"音乐库"网页。为了适应不同用户的审美习惯和需求，通常客户端软件为用户提供多种不同风格的皮肤以供用户选择。因此，如何让客户端和与之联动的网页在用户界面上保持一致的风格，成为至关重要的问题。

【问题及效果】

现有技术中，每当网页需要换肤时，必须进行页面刷新，浪费网络带宽，并且在进行页面刷新时降低了用户的体验感。

为解决上述问题，该案的技术方案将加载网页时进行换肤改进为同步端（网页）跟随客户端同步换肤，通过同步端对客户端进行查询，根据查询结果判断客户端进行了换肤后，进行与客户端的同步换肤，从而实现了客户端与同步端进行同步换肤的效果。当同步端为网页时，避免了网页刷新，节省了网络带宽，提升了用户的体验感。

【实施方式】

如图3-4-1所示，本申请实施例提供一种换肤方法，应用于包括客户端和同步端的系统，具体包括以下步骤：

步骤101：所述同步端向客户端发送换肤查询请求，获取换肤查询结果；

步骤102：所述同步端根据所述换肤查询结果判断所述客户端是否进行了换肤；

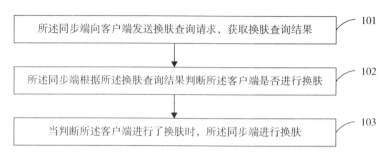

图 3-4-1　换肤方法

步骤 103：当判断所述客户端进行了换肤时，所述同步端进行换肤。

其中，所述同步端可以为需要与客户端同步的网页或软件等。

需要说明的是，客户端为主动换肤的一侧，同步端为根据客户端换肤而换肤的一侧，因此同一实体可为客户端，也可为同步端，并无严格区分。

上述"判断所述客户端是否进行了换肤"的依据可以为客户端的 cookie 文件是否修改，或同步端读取客户端的内存中存储的相关数据进行判断。当然，其他同步端判断客户端是否换肤的方式均属于本申请的保护范围，如二者通过第三方进行相关信息的交互。但由于同步端访问客户端的内存时可能受到客户端的限制，通过客户端的 cookie 文件是否修改进行判断为优选的实施方式。

上述步骤 102 中"根据所述换肤查询结果判断所述客户端是否进行了换肤"的判断依据为客户端的 cookie 文件是否修改。在此之前，客户端进行换肤后，需要修改本地的 cookie 文件，以供网页根据该 cookie 文件进行换肤。

【权利要求】

1. 一种换肤方法，应用于包括客户端和同步端的系统，其特征在于，包括：

所述同步端向客户端发送换肤查询请求，获取所述客户端本地的 cookie 文件；

所述同步端根据所述 cookie 文件是否进行了修改判断所述客户端是否进行了换肤，若所述 cookie 文件进行了修改，则所述同步端判断所述客户端进行了换肤；

当判断所述客户端进行了换肤时，所述同步端进行换肤。

（二）案例分析

权利要求 1 请求保护一种换肤方法，通过同步端向客户端发出请求，获取客户端本地的 cookie 文件，同步端根据所获取的 cookie 文件是否进行了修改判断是否需要在同步端进行同步换肤。

对比文件 1 公开了一种不同通信设备的用户界面皮肤的更换方法和系统，具体为：当发起侧（移动终端或 PC 机其中之一）向响应侧主动发出换肤请求后，在网络环境中寻找适合发起侧、响应侧的跨平台换肤文件，若有所述适合的换肤文件，则发起侧和响应侧（移动终端和 PC 机中，一个为发起侧，则另一侧为响应侧）可以分别加载该皮肤文件，实现发起侧和响应侧界面皮肤的统一。

通过比较可知，对比文件 1 未公开权利要求 1 的大部分技术特征，包括：获取客户端本地的 cookie 文件，同步端根据 cookie 文件是否进行了修改判断客户端是否进行了换肤，若 cookie 文件进行了修改，同步端产生上述区别的原因是由于判断客户端进行了换肤；当判断客户端进行过换肤时，同步端进行换肤。

权利要求 1 与对比文件 1 属于实质不同的发明构思。该权利要求涉及一种被动的同步换肤过程，同步端（如网页）并不会让用户选择需要换肤，而是通过查询请求，判断客户端本地的 cookie 文件是否修改来了解客户端的皮肤是否发生过改变，若改变了，则同步端下载客户端改变后的皮肤，并在同步端使用，从而实现同步端与客户端的皮肤被动一致（或称同步）。而对比文件 1 公开了一种主动换肤的过程，由发起侧（PC 或移动设备）向响应侧（移动设备或 PC）、网络侧发起换肤请求，旨在查询是否有跨平台语言的皮肤文件供用户主动预览从而进行主动选择和换肤。基于特有的技术构思——发起侧的主动换肤，对比文件 1 方案中的发起侧和响应侧任何一方都无需查询另外一方是否进行过换肤改变。也就是说，对比文件 1 不存在被动地使得发起侧与响应侧的用户界面皮肤保持一致的技术问题，也就不存在对对比文件 1 进行这种改进的技术任务，本领域技术人员进而也不会考虑采用何种技术手段（如该权利要求中的通过查询 cookie 文件是否修改）判断被请求方是否进行过换肤改变。因此，虽然通过该权利要求中查询本地 cookie 是否修改来判断用户端软件皮肤是否进行过修改（以上区别特征中的部分技术手段）是本领域中的公知技术，但是由于对比文件 1 客观上不存在这样的技术缺陷和改进任务，本领域技术人员没有动机对对比文件 1 进行这样的改进，从而无法获得将对比文件与以上公知技术结合的启示。

（三）案例启示

对于涉及改善用户体验的技术方案，应从本领域技术人员的角度出发，看待改善用户体验而采用的技术手段，即使未被对比文件公开的区别技术特征看似非常公知，也不能简单地、直接地认为其一定不能使技术方案具备创造性，还要结合具体案情具体分析。就本申请而言，需要从对比文件公开方案的整体出发，来考虑其是否客观上存在与发明实际解决的技术问题相一致的技术缺陷，以及是否存在向请求保护的技术方案改进的动机。

■ 案例 11：物流信息推送方法

（一）案情介绍

【背景技术】

现有的货物配送过程中，物流人员通知用户取货的方式大致分为两种：一种是借助电话沟通，当物流人员到达用户订单指定的区域时，打电话通知用户到相应的配送地点取货；另一种较为先进的通知方式是物流人员达到配送区域后，利用手持终端的扫描部件扫描货物标签上的条码或者二维码，成功识别条码后，手持终端触发通知消息，以短信方式通知用户到相应的配送地点取货。

【问题及效果】

电话通知取件的方式，当物流人员到达物流分发地点时，通常需要电话通知每一单用户到相应的配送地点取货，大批量配送时会导致配送效率低、成本高。而逐一扫描配送的方式虽然省去了电话逐一通知用户的时间和费用，但是仍需要物流人员逐一扫描条码，配送效率仍然有所限制。

本申请提供了一种由物流人员触发的配送信息发送方法，可在货物配送过程中有效地提高货物配送效率及降低配送成本。

【实施方式】

图 3-4-2 为本申请提供的信息处理方法的流程图。

订货用户通过订货用户账号登录到电子商务系统的客户端后，在确定好货物进行下单时，可以选择固定地址或订货用户终端对应的位置为配送地址。当选择订货用户终端对应位置作为配送地址时，该订货用户终端将通过定位装置获取其所在位置信息，进而连同订货用户所购货物信息、订货用户姓名、备注信息、订货用户账号、通信标识等作为订单发送给服务器。服务器获得该订货用户账号对应的订单，并对该订单进行处理，如指配物流公司、指配物流人员、生成物流单等。

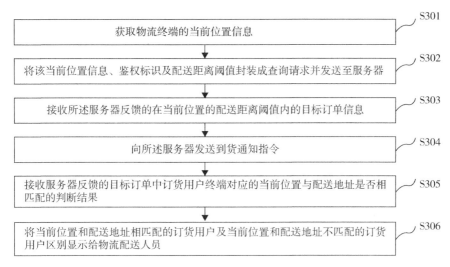

S301 获取物流终端的当前位置信息

S302 将该当前位置信息、鉴权标识及配送距离阈值封装成查询请求并发送至服务器

S303 接收所述服务器反馈的在当前位置的配送距离阈值内的目标订单信息

S304 向所述服务器发送到货通知指令

S305 接收服务器反馈的目标订单中订货用户终端对应的当前位置与配送地址是否相匹配的判断结果

S306 将当前位置和配送地址相匹配的订货用户及当前位置和配送地址不匹配的订货用户区别显示给物流配送人员

图 3-4-2　信息处理方法

货物配送过程中，物流终端与服务器进行交互，物流终端及后续的用户终端可以为手机、笔记本、平板电脑等。

该信息处理方法包括以下步骤：

S101，获取物流终端的当前位置信息；

S102，将该当前位置信息、鉴权标识、配送距离阈值封装成查询请求并发送至服务器；

在货物配送过程中，物流配送人员到达一配送地点后，需要查询自身所负责的且在该配送地点特定区域范围内的目标订单信息时，则可以通过自身的物流用户账号登录到电子商务系统的客户端，发出向服务器发送查询请求的触发命令。此时，物流终端则会获取自身的当前位置信息，进而将该当前位置信息、鉴权标识及配送距离阈值封装成查询请求并发送至服务器。其中，配送距离阈值可以由物流终端指定，用于指定配送范围，如当前位置 500 米内。

服务器在接收到物流终端发送的查询请求后，则可以利用该查询请求中的鉴权标识对该物流终端进行鉴权，鉴权通过后，服务器根据物流终端的当前位置信息及配送距离阈值查询符合查询请求的目标订单消息，并在确定出目标订单信息后将该物流终端当前位置的配送距离阈值内的目标订单信息返回给物流终端。

S103，接收所述服务器反馈的在当前位置的配送距离阈值内的目标订单信息；目标订单信息包括订货用户账号和配送地址，还可以包括货物信息、订货用户终端对应的通信标识等信息。

S104，向所述服务器发送到货通知指令。该到货通知指令用于指示服务器根据所述目标订单中订货用户账号，将在线提示信息推送给相应的订货用户终端，在线提示信息包含所述物流终端当前位置信息和物流配送信息等。

在接收到服务器反馈的目标订单后，物流终端则可以向服务器发送到货通知指令，以指示服务器利用订货用户账号将所述物流终端当前位置信息和物流配送信息推送给目标订单中的订货用户终端，以便订货用户及时了解其订货的状态，及时取货。

【权利要求】

1. 一种信息处理方法，其特征在于，包括：

服务器接收物流终端发送的查询请求，所述查询请求携带所述物流终端的当前位置信息、配送距离阈值及鉴权标识，所述配送距离阈值用于指定配送范围；

根据所述查询请求确定所述鉴权标识对应的且在以所述物流终端的当前位置为中心的配送距离阈值范围内的目标订单信息，其中，所述目标订单信息包括至少一个订货用户账号及配送地址；

向所述物流终端反馈所述目标订单信息；

在接收到物流终端发送的到货通知指令后，根据所述目标订单信息中订货用户账号将在线提示信息推送给至少一个所述订货用户账号对应的订货用户终端，其中，所述在线提示信息包含所述物流终端当前位置信息和物流配送信息。

(二) 案例分析

权利要求1请求保护一种信息处理方法，由物流终端向服务器发送查询请求及到货通知指令，从而触发服务器向订货用户推送在线提示信息。

对比文件1公开了一种物流派送跟踪处理方法。对比文件1公开的物流派送处理流程如图3-4-3所示。

派送人员在派送货物前，通过物流派送终端扫描待派送货物的派送单据，获得货物的货运单号，该物流派送终端可与快递公司的货运管理信息中心建立通信连接，从而从货运管理信息中心调取该货物的货运信息，如可包括收货人、收货人地址、收货人手机号码以及发货人等信息（相当于包括至少一个订货用户账号及配送地址的目标订单信息），并将这些信息存储于自身存储器中的查询数据库中，派送人员完成信息存储后，可通过发送手机短信的方式通知用户货物已开始准备配送；

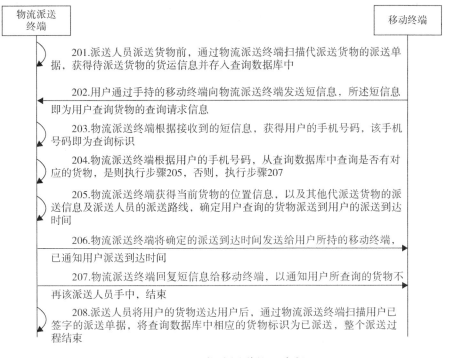

图 3-4-3　物流派送处理流程

　　用户可根据接收到的手机短信，通过回复的方式来查询自己的货物的配送信息；物流派送终端接收到短信息后，可获得该短信息中的手机号码，并作为查询标识，从查询数据库中查询得到相应的货物；

　　物流派送终端可通过自身上设置的全球定位系统（GPS）通信模块或其他定位模块来获得自身的位置信息，该位置信息就是当前货物的位置信息。同时，还可通过查询物流派送终端内预先存储的地图数据库及待派送的其他货物的派送信息和派送人员的派送路线，确定用户查询的货物派送到用户所需要的时间，即派送到达时间；

　　物流派送终端将确定的派送到达时间发送给用户所持的移动终端，以通知用户派送到达时间；派送人员将用户的货物送达用户后，通过物流派送终端扫描用户已签字的派送单据，将查询数据库中相应的货物标识为已派送，整个派送过程结束。

　　该权利要求请求保护的技术方案与对比文件 1 公开的上述方案的区别在于：

（1）服务器根据物流终端发送的包括当前位置信息、用于指定配送范围的配送距离阈值及鉴权标识的查询请求，确定所述鉴权标识对应的且在以所述物流终端的当前位置为中心的配送距离阈值范围内的目标订单信息，向物流终端反馈目标订单信息；

（2）在接收到物流终端的到货通知指令后，服务器向订货用户账号的订货用户终端推送包含物流终端当前位置信息和物流配送信息的在线提示信息。而对比文件1中是由物流派送终端通过扫描货物来获取目标订单并根据订单进行派送。

基于上述区别技术特征，权利要求1实际要解决的技术问题是如何对派送过程中物流终端所属的批量目标订单信息进行集中处理以提高配送的效率，而对比文件1所要解决的技术问题是如何对物流派送过程进行跟踪监管。为了解决该问题，对比文件1在配送之前向用户发送包含配送信息的短信，以供用户根据短信内容向货物所在的物流派送终端发送查询短信，物流派送终端通过计算派送位置、派送路线及其他货物的信息来获得派送到达时间，使得用户可实时跟踪货物的配送情况，提高派送的效率和服务质量。由此可见，对比文件1和本申请所要解决的技术问题不同，采用的技术手段也不同，对比文件1没有给出解决本申请技术问题的启示。

为了解决上述技术问题，本申请采用了通过服务器筛选订单并由物流终端确认后再向符合条件的订单所属用户批量发送推送消息的通知方式。而对比文件1所采用的是针对用户进行一对一通知的方式，两者虽然基于相似的系统架构和硬件设备，但是信息处理方式和数据流向与取件通知的触发机制均不同，即本领域技术人员基于对比文件1的技术方案不容易想到对物流派送中的取件通知方式做出如上改进，上述区别技术特征不属于本领域公知常识。通过采用这种批量通知方式能够有效提高向目标订单用户推送消息的效率和准确性，避免了需要派送人员人工通知的繁琐过程，有效地提高了派送效率，即上述区别技术特征带来了有益的技术效果。因此，权利要求1所请求保护的技术方案相对于对比文件1和本领域的公知常识的结合具备突出的实质性特点和显著的进步，符合《专利法》第22条第3款的规定。

（三）案例启示

尽管最接近的现有技术公开的系统架构以及硬件装置与权利要求请求保护的方案相似，但是两者对物流信息的处理方式不同，数据流向不同，通知触发机制不同。也就是说，两者的发明构思并不相同。此外，现有的物流配送过程均采用了配送人员到达预定位置后以电话或短信逐一通知用户的方式，现有技术也没有给出将批量处理方式用于物流配送中批量通知用户取件的技术启示。

在创造性的判断中，应当客观评判权利要求请求保护的方案相对于现有技术的显而易见性，准确把握创造性高度，避免"事后诸葛亮"。

第五节　区别仅涉及算法规则时如何评判创造性

随着"互联网+"时代的到来，与之相应，提出了高吞吐和高并发的需求以及海量数据分析的要求，而算法作为软件开发的基础在其中扮演了重要的角色。因此，近几年涉及算法的发明专利申请也相应增多，如何能够通过专利的手段给予算法领域专利申请的知识产权保护引起了业界的广泛关注。从表现形式看，该类型的专利申请中既包括单纯的算法，即数学运算方法，也包括算法在特定技术领域中的具体应用而形成的算法相关发明专利申请。

在算法相关的发明专利申请中，往往包含了数学方法及相应的参数定义等内容。如果在发明中，所采用的数学方法与其他技术特征相结合，用于解决某个领域的技术问题，共同构成解决该技术问题的技术手段，并带来了技术效果，即数学方法应用于具体的技术领域，成为解决该领域某个技术问题所采取的技术手段的组成部分，那么在确定发明实际解决的技术问题和判断现有技术是否给出技术启示时，需要将算法特征考虑在内。即当算法特征成为与最接近的现有技术的区别，在分析判断发明实际解决的技术问题时，需要考虑所述算法所起到的技术效果，以及现有技术中是否给出了有关采用包括所述算法在内的区别特征来解决发明所实际解决技术问题的技术启示，从而在上述分析的基础上做出发明是否具备创造性的判断结论。

在算法相关的发明的创造性判断过程中，需要注意的是：

（1）整体分析算法在权利要求方案中的作用。算法通常涉及数学思想，与人的智力活动密切相关，但是并不能因此而在判断创造性时将算法特征一概排除在外。应当从发明解决的技术问题出发，分析和理解发明为此而采取的解决方案，其中包括算法特征中各参数的含义以及与其他技术特征之间的联系等，从而确定算法特征在技术方案中所起的作用和达到的技术效果，以作出正确的创造性判断。

（2）避免简单机械对比。算法由于涉及演绎和推算，在表现形式上有可能存在差异，但实际求解得到的结果是相同的。因此，在对比本申请的方案与对比文件的方案时，不宜仅根据算法特征表现形式而简单认定两者方案中涉及的算法特征是相同的或者是不同的，以及现有技术存在还是不存在相关的技术启示，而是应当依据有关的数学知识分析两者实质上是否相同，以及由现有技术是否可以推导出发明中的算法。

■ 案例12：基于混沌映射与数列变换的图像加密算法

（一）案情介绍

【背景技术】

随着网络应用范围的拓宽，大量的多媒体信息通过互联网进行交换使用。数字图像作为多媒体信息的重要载体，使得图像的安全传输成为信息安全问题的一个重要方向。一般可以通过对数字图像信息进行加密处理，使之成为不可分辨的秘密图像来提高信息安全性。

混沌系统因具有随机性和对于初值的敏感性而在图像加密中被广泛运用。在现有的基于混沌系统的数字图像加密算法中，鉴于传统图像加密技术和低维混沌加密技术的局限性，构造了二维 Logistic 系统，分析其混沌特性，并将其与数字图像置乱技术相结合，设计了一种基于二维 Logistic 混沌系统的数字图像加密算法。

【问题及效果】

基于二维 Logistic 混沌系统的数字图像加密算法利用了混沌系统的伪随机特性，密钥空间扩大，但是在抗统计分析方面薄弱。为此，需要对 Logistic 混沌系统重新利用，在保证图像加密效果的同时能够抵御来自统计分析、剪切、噪声和滤波的安全攻击，且需要具有密钥空间大、安全度高的特点。

【实施方式】

现有的图像加密方法包括图像置乱加密技术及基于混沌动力学的图像加密算法，本申请为了保证图像加密效果，将二者相结合，提出了基于混沌映射与数列变换的图像加密方法，具体加密过程如图 3-5-1 所示：

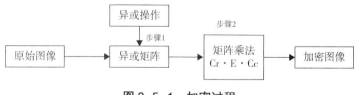

图 3-5-1　加密过程

通过将原始图像进行二进制转换及与利用 Logistic 混沌序列生成的矩阵进行异或处理后（步骤1，即基于混沌映射的加密步骤），再利用 Logistic 混沌序列通过变换生成的行、列矩阵对异或后的图像进行位置置乱变换（步骤2，即基于图像置乱算法的加密步骤）完成图像的加密处理。

【权利要求】

1. 一种基于混沌映射与数列变换的图像加密方法，包括以下步骤：

（1）将大小为 $M \times N$ 的灰度图像的每个像素点的值转换成二进制，然后将通过 Logistic 混沌序列生成的大小为 $M \times N$ 的矩阵的值转换成二进制，将两个对应位置的二进制数进行按位异或处理；

（2）对于异或后图像进行位置置乱变换，将 Logistic 混沌序列通过变换生成大小为 $M \times M$ 的行矩阵 Cr 和大小为 $N \times N$ 的列矩阵 Cc，用所得行矩阵乘以异或后的灰度图像像素值矩阵再乘以列矩阵，图像加密结束。

（二）案例分析

本申请将混沌动力学算法及图像置乱算法应用于图像处理领域，提出了一种基于混沌映射与数列变换的图像加密方法。

对比文件1公开了一种涉及基于 Logistic 混沌系统的图像加密算法，其中图像像素点的灰度值采用八位的二进制序列来表示，将待加密图像矩阵与混沌系统生成的随机矩阵按位进行异或运算后，再与位置矩阵相结合以改变图像像素点的位置，达到加密位置变换的目的，从而得到最终的加密图像。

对比文件1的基于混沌系统的图像排列加密算法同样结合了混沌动力学算法及图像置乱算法，获得了加密图像的效果，具体方案见图3-5-2：

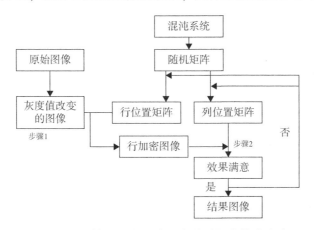

图3-5-2 基于混沌系统图像排列加密算法方案

对大小为 *M×N* 的原始图像 *A*M×N，通过迭代混沌系统方程得到混沌系列，取长为 *M×N* 的一段随机序列，转化为与原始图像大小相同的二维矩阵形式，将两个矩阵相应的每一个位置处的数值进行异或运算，得到灰度值改变后的加密图像（步骤1，对应图3-5-1中的步骤1）；对于像素点灰度值的改变采用异或运算，由于灰度值的范围为0~255，所以每一个像素点的灰度值可以表示为8位的二进制序列；采用表达简单且常用的 Logistic 混沌系统对测试图像进行加密处理。对像素点位置的改变采用在行内变换的方式进行（在列内变换的方式可以利用相同的原理完成）；与位置矩阵相结合，将灰度值改变后的加密图像矩阵每一行的元素移至位置矩阵中相应处表示该行的新位置处，达到加密位置变换的目的（步骤2，对应图3-5-1中的步骤2），得到最终加密的结果图像；选取混沌系统所需的初值，得到与图像大小相同的随机整数矩阵，用于位置改变的位置矩阵是由随机整数矩阵进行排序得到的；可以对图像进行行列交替进行位置置换，以达到更好的加密效果。

通过以上权利要求1的方案与对比文件1的对比可以看到，二者都是通过使用混沌映射结合图像置乱技术来实现图像加密，对比文件1已经公开了对原始图像进行二进制转换和异或处理，并对得到的异或后的图像进行行和列的位置置换，因而公开了权利要求1的大部分特征。二者的区别特征仅在于权利要求1中采用大小为 *M×M* 的行矩阵 *Cr* 和大小为 *N×N* 的列矩阵 *Cc* 对异或后的图像进行位置置乱，即两者在具体置乱方式上存在不同。

基于此区别特征，可以确定权利要求1的方案实际解决的技术问题为：如何对异或后的图像进行变换。对比文件1虽然没有公开通过上述区别特征采用位置矩阵对异或后的图像进行置乱变换操作，但是如前所述，对比文件1中提到了对灰度值改变后的加密图像矩阵每一行的元素移至位置矩阵中相应处表示该行的新位置处，而区别技术特征中 *M×M* 的行矩阵 *Cr* 和大小为 *N×N* 的列矩阵 *Cc* 起到的作用也是改变加密后图像矩阵的元素位置，这种方法只是位置矩阵类型的不同，是图像处理领域的技术人员容易想到的技术解决手段。因此，权利要求1的方案并不因此而具备创造性。

（三）案例启示

在图像处理领域中常见针对算法方面的改进，例如本申请所涉及的保护网络信息安全的图像加密算法，或者为避免图像失真的图像处理算法等，对算法改进的目的在于解决图像处理的技术问题，因此在对权利要求方案的创造性判断中，算法相关的特征应当一并考虑。如本申请中，权利要求与最接近的现有技术的区别中的行、列矩阵构成并不是单纯的数学问题，而是构成本申请用于解决图像安全性问题的加密手段之一，因此在判断权利要求 1 的创造性时，需要考虑上述区别特征在权利要求 1 整体方案中所起的作用，并据此判断整个方案是否显而易见，从而确定权利要求 1 的方案相对于现有技术是否具备创造性。

■ 案例 13：无人驾驶车障碍物检测评估方法

（一）案情介绍

【背景技术】

随着计算机、控制论、人工智能和仿生学等多学科的发展，无人驾驶车技术获得了突飞猛进的发展。无人车是利用车载传感器感知车辆周围环境，并根据感知所获得的道路、车辆位置和障碍物信息控制车辆的转向和速度，从而使车辆能够安全、可靠地在道路上行驶。

【问题及效果】

现有的用于无人驾驶车的障碍物检测结果评估方法通常是依据无人驾驶车对障碍物的感知区域与障碍物的真实区域的交集区域面积与并集区域面积的比值得到障碍物的感知区域与真实区域的匹配度，然而，在无人驾驶车行驶的过程中，经常要面临大量不同类型的障碍物，现有的障碍物检测结果的评估方法考虑的因素太少，并不能准确地评估障碍物检测结果。

本申请提出一种改进的用于无人驾驶车的障碍物检测结果评估方法和装置。首先通过对获取到的无人驾驶车感知到的障碍物的感知图像求取最小外接矩形，得到感知区域；再获取上述障碍物的真实图像，并求取上述真实图像的最小外接矩形，得到真实区域；而后通过上述感知区域的面积和真实区域的面积求取重合率，通过上述感知区域的中心点位置和真实区域的中心点位置求取中心点距离，通过上述感知区域的面积、真实区域的面积、感知区域的长宽比和真实区域的长宽比，求取图形相似度；最后通过得到的重合率、中心点距离和图形相似度计算上述感知区域和真实区域的匹配度，并将匹配度发送给上述无人驾驶车，从而有效地利用了感知区域和真实区域的中心点和长宽比等因素，实现了更加准确的障碍物检测结果的评估。

【实施方式】

本申请的用于无人驾驶车的障碍物检测结果评估方法如图 3-5-3 所示，包括以下步骤：

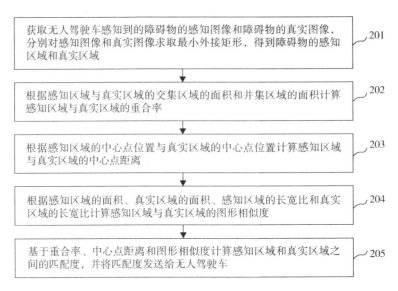

获取无人驾驶车感知到的障碍物的感知图像和障碍物的真实图像，分别对感知图像和真实图像求取最小外接矩形，得到障碍物的感知区域和真实区域　201

根据感知区域与真实区域的交集区域的面积和并集区域的面积计算感知区域与真实区域的重合率　202

根据感知区域的中心点位置与真实区域的中心点位置计算感知区域与真实区域的中心点距离　203

根据感知区域的面积、真实区域的面积、感知区域的长宽比和真实区域的长宽比计算感知区域与真实区域的图形相似度　204

基于重合率、中心点距离和图形相似度计算感知区域和真实区域之间的匹配度，并将匹配度发送给无人驾驶车　205

图 3-5-3　障碍物检测结果评估方法

步骤201，获取无人驾驶车感知到的障碍物的感知图像和障碍物的真实图像，分别对感知图像和真实图像求取最小外接矩形，得到障碍物的感知区域和真实区域。

无人驾驶车在行驶的过程中，可以通过摄像头采集图像中障碍物的数据。之后，无人驾驶车利用预先设定的感知算法对上述采集到的数据进行处理，得到无人驾驶车对上述障碍物的感知图像的轮廓和位置。在得到从无人驾驶车获取到的障碍物的图像信息之后，上述电子设备可以通过视觉传感器、激光雷达等获取障碍物的图像信息并进行处理，得到上述障碍物的真实图像的轮廓和位置，上述电子设备也可以通过人工标注的方法获取上述障碍物的真实图像的轮廓和位置。

步骤202，根据感知区域与真实区域的交集区域的面积和并集区域的面积，计算感知区域与真实区域的重合率。

首先按照感知区域的位置和真实区域的位置将感知区域和真实区域放置在同一平面内。之后，计算上述感知区域的面积和真实区域的面积。然后，获得上述感知区域与上述真实区域的交集区域（重合区域），计算上述交集区域的面积，利用感知区域与真实区域的面积之和与上述交集面积的差作为并集区域的面积。最后，根据上述交集区域的面积与上述并集区域的面积计算上述感知区域与上述真实区域的重合率。通常，重合率越大，上述感知区域与上述真实区域的匹配度越高。

步骤 203，根据感知区域的中心点位置与真实区域的中心点位置，计算感知区域与真实区域的中心点距离。

电子设备可以根据感知区域的中心点位置与真实区域的中心点位置计算上述感知区域与上述真实区域的中心点距离。其中，中心点位置可以是区域的两条对角线的交点，也可以是分别垂直于区域的两条相邻边长并且与两条相邻边长的中点相交的两直线的交点。通常，中心点距离越小，上述感知区域与上述真实区域的匹配度越高。

步骤 204，根据感知区域的面积、真实区域的面积、感知区域的长宽比和真实区域的长宽比计算感知区域与真实区域的图形相似度。

根据上述感知区域的面积和真实区域的面积、上述感知区域的长宽比和上述真实区域的长宽比，电子设备可以计算上述感知区域与上述真实区域的图形相似度。通常，图形相似度越小，上述感知区域与上述真实区域的匹配度越高。

步骤 205，基于重合率、中心点距离和图形相似度计算感知区域和真实区域的匹配度，并将匹配度发送给无人驾驶车。

分别基于步骤 202、步骤 203 和步骤 204 得到的重合率、中心点距离和图形相似度，电子设备可以计算上述感知区域与上述真实区域的匹配度，并可以通过全球定位系统或者无线连接方式将上述匹配度发送给上述无人驾驶车。

$$匹配度 = w1 \times 重合率 - w2 \times 中心点距离 - w3 \times 图形相识度 \qquad (3\text{-}5\text{-}1)$$

式中，$w1$、$w2$ 和 $w3$ 的取值均为 0~1。

通过所提供的方法基于感知区域与真实区域的重合率、中心点距离和图形相似度来计算感知区域和真实区域之间的匹配度的方法，实现了更加准确的障碍物检测结果的评估的效果。

【权利要求】

1. 一种用于无人驾驶车的障碍物检测结果评估方法，其特征在于，所述方法包括：

获取无人驾驶车感知到的障碍物的感知图像和所述障碍物的真实图像，分别对所述感知图像和所述真实图像求取最小外接矩形，得到所述障碍物的感知区域和真实区域；

根据所述感知区域与所述真实区域的交集区域的面积和并集区域的面积计算所述感知区域与所述真实区域的重合率；

根据所述感知区域的中心点位置与所述真实区域的中心点位置计算所述感知区域与所述真实区域的中心点距离；

根据所述感知区域的面积、所述真实区域的面积、所述感知区域的长宽比和所述真实区域的长宽比计算所述感知区域与所述真实区域的图形相似度;

基于所述重合率、所述中心点距离和所述图形相似度计算所述感知区域和所述真实区域的匹配度,并将所述匹配度发送给所述无人驾驶车。

(二)案例分析

权利要求 1 请求保护的方法通过对感知区域和真实区域的重合率、中心点距离、图形相似度三个指标的计算,得到感知区域和真实区域之间的匹配度,并发送给所述无人驾驶车,从而提高无人驾驶过程中障碍物识别结果评估的准确性,提升驾驶安全。

对比文件 1 公开了一种无人车前方障碍物检测方法,该方法通过图像分割得到各个区域内的障碍物边缘信息,计算出各个障碍物的宽度和高度。通过激光雷达检测出各个障碍物的宽度和高度。通过宽度与高度计算出两个传感器感知到的障碍物面积与位置,将两个传感器获得的障碍物按照位置进行匹配,计算出同一障碍物对应的两个传感面积的相似度作为匹配距离。面积相似度是每个传感面积相对于两个传感面积的重合部分计算的。所述重合部分既可以是两个传感面积同时感测到的面积,也可以是两个传感面积叠加感测到的面积。以面积相似度作为匹配距离,如果高于阈值,则检测为障碍物。

权利要求 1 的技术方案与对比文件 1 的区别特征在于:根据所述感知区域的中心点位置与所述真实区域的中心点位置,计算所述感知区域与所述真实区域的中心点距离;根据所述感知区域的面积、所述真实区域的面积、所述感知区域的长宽比和所述真实区域的长宽比,计算所述感知区域与所述真实区域的图形相似度;基于所述重合率、所述中心点距离和所述图形相似度,计算所述感知区域和所述真实区域之间的匹配度,并将所述匹配度发送给所述无人驾驶车。可见,对比文件 1 通过重合率直接进行无人驾驶中障碍物的识别,而权利要求 1 的技术方案中除了重合率还考虑了感知区域与真实区域的中心点距离和图形相似度,一共采用三个参数进行障碍物检测结果的准确评估。

基于上述区别特征,确定权利要求的技术方案实际解决的问题是提高障碍物检测结果评估的准确性。根据感知区域与真实区域的中心点距离和图形相似度进行无人驾驶的障碍物的识别并非本领域公知常识,并且能够提高障碍物识别结果评估的准确性,提升驾驶安全。本领域技术人员在现有技术的基础上得到权利要求 1 的技术方案并非显而易见,因此权利要求 1 具有突出的实质性特点和显著的进步,具备《专利法》第 22 第 3 款规定的创造性。

（三）案例启示

为了解决特定技术问题，采用不同的参数指标和计算方法以提高计算的准确性，在创造性判断中不能忽略这些涉及参数及其计算方法的特征，需要判定参数的选择、算法的改进等计算方法相关的特征与其他技术特征是否共同构成了解决技术问题的技术手段。若其共同构成了解决某个技术问题的技术手段，且现有技术没有给出相应的启示，则权利要求请求保护的技术方案具备创造性。

■ 案例14：基于微博的事件实时监测方法

（一）案情介绍

【背景技术】

微博具有传播速度快、互动性强、信息更新方便等特点。微博的出现拓宽了信息传播的渠道，对经济的发展、社会的进步及科技的普及起到了积极的作用。

但是，一方面诸如淫秽、迷信、暴力等有害信息在微博上传播，严重危害了社会稳定；另一方面突发事件经微博快速传播后，容易引起公众的不理性判断和混乱行为，从而酿成严重后果。

【问题及效果】

如何有效利用社交媒体良好的信息传播特性，同时应对和解决其产生的负面影响是亟待解决的问题。

本申请提出了一种基于微博的事件实时监测方法及系统，对用户所关心的事件进行实时监测，监控该事件在微博平台上的传播和发展趋势，并对该事件的异常时间点进行地理位置定位，展示给用户清晰全面的事件实时信息。同时，基于用户查询的关键词和查询历史，能精准地挖掘出事件发生的异常时间点和地理位置，并适当推荐给用户相关热点话题。

【实施方式】

参考图3-5-4，一种基于微博的事件实时监测方法，包括：

异常事件检测步骤：输入事件关键词，统计与事件关键词相关的微博数量，采用波峰识别方法将统计的微博数量以曲线图展示，将曲线图中的波峰时间作为事件的异常时间点，将存在异常时间点的事件作为异常事件；

地理位置定位步骤：在与异常事件相关的微博文本内容中，抽取出地理位置实体，并采用聚类方法从抽取的地理位置实体中筛选出异常事件发生的地理位置。

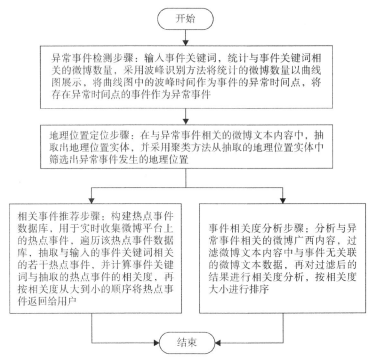

图 3-5-4　一种基于微博的事件实时监测方法

进一步，所述异常事件检测具体包括以下步骤。

步骤 A1，输入事件关键词，获取与事件关键词相关的微博，对获取的所有微博进行数据量化，产生一组数据，并初始化该组数据的平均值 mean 和方差 meandev。

步骤 A2，对于产生的一组数据中的点 C_i，判断是否满足以下条件：

$$\frac{C_i - \text{mean}}{\text{meandev}} > \tau \text{ 且 } C_i > C_{i-1} \qquad (3\text{-}5\text{-}2)$$

式中，$i>1$，且 i 小于该组数据的数组长度；τ 为事先设定的阈值。

步骤 A3，若 C_i 满足该条件，则基于点 C_i 存在一个波峰区间，否则基于点 C_i 不存在波峰区间，需更新平均值和方差，并重复步骤 A2。

步骤 A4，将存在波峰区间的点 C_i 作为异常事件。

进一步，所述步骤 A3 中，当基于点 C_i 存在一个波峰区间时，该波峰区间的起点索引为 $i-1$，终点索引需要先使用贪心算法得到伪终点索引，然后再通过对该伪终点索引进行修正而得到真正的终点索引。

进一步，所述地理位置定位具体包括以下步骤。

步骤 B1，抽取每一条与异常事件相关的微博文本内容中的地理位置实体，并对抽取出的地理位置实体进行分析，获得事件发生的地理位置集合。

步骤 B2，采用聚类的方式从事件发生的地理位置集合中筛选出群体性地理位置实体。

步骤 B3，将筛选出的群体性地理位置实体转变为便于展示的信息格式。

【权利要求】

1. 一种基于微博的事件实时监测方法，其特征在于，包括：

异常事件检测步骤：输入事件关键词，统计与事件关键词相关的微博数量，采用波峰识别方法将统计的微博数量以曲线图展示，将曲线图中的波峰时间作为事件的异常时间点，将存在异常时间点的事件作为异常事件。

所述异常事件检测具体包括以下步骤。

步骤 A1，输入事件关键词，获取与事件关键词相关的微博，并对获取的所有微博进行数据量化，产生一组数据，并初始化该组数据的平均值 mean 和方差 meandev。

步骤 A2，对于产生的一组数据中的点 C_i，判断是否满足以下条件：

$$\frac{C_i-\text{mean}}{\text{meandev}}>\tau，\text{且 } C_i>C_{i-1} \tag{3-5-3}$$

式中，$i>1$，且 i 小于该组数据的数组长度；τ 为事先设定的阈值。

步骤 A3，若 C_i 满足该条件，则基于点 C_i 存在一个波峰区间，否则基于点 C_i 不存在波峰区间，需更新平均值和方差，并重复步骤 A2。

步骤 A4，将存在波峰区间的点 C_i 作为异常事件。

地理位置定位步骤：在与异常事件相关的微博文本内容中，抽取出地理位置实体，并采用聚类方法从抽取的地理位置实体中筛选出异常事件发生的地理位置。

所述地理位置定位步骤具体包括：

步骤 B1，抽取每一条与异常事件相关的微博文本内容中的地理位置实体，并对抽取出的地理位置实体进行分析，获得事件发生的地理位置集合；

步骤 B2，采用聚类的方式从事件发生的地理位置集合中筛选出群体性地理位置实体；

步骤 B3，将筛选出的群体性地理位置实体转变为便于展示的信息格式。

（二）案例分析

权利要求 1 请求保护的方案要解决的问题是实时监测网络舆情，其通过网络微博内容的获取、分析、提取、定位、选取等信息处理手段来确定异常信息。

对比文件 1 公开了一种推特事件实时监测方法，用户输入事件关键词，以获得多个推文；一旦用户选择了一个事件就能实时监测该事件，该系统能够统计分析随时间变化的事件发生情况；其界面显示有事件发生的时间轴、该事件的原始的推文样本、可视化情感倾向图以及一张显示推文情感倾向的地图。一段时间内匹配于搜索查询的推文越多，时间轴 Y 轴上的坐标值就越大，也就会在时间轴上出现尖峰，该系统的峰值检测算法能够自动识别这些尖峰，并在界面上标记为波峰群（即统计与事件关键词相关的推特数量，采用波峰识别方法将统计的推特数量以曲线图展示，将曲线图中的波峰时间作为事件的异常时间点，将存在异常时间点的事件作为异常事件）。具体算法见图 3-5-5：

Algorithm 1 Offline Peak-Finding Algorithm

1: function **find_peak_windows**(C):
2:   windows = []
3:   mean = C_1
4:   meandev = variance($C_1, ..., C_p$)
5:
6:   **for** $i = 2; i < \text{len}(C); i + +$ **do**
7:     **if** $\frac{|C_i - mean|}{meandev} > \tau$ and $C_i > C_{i-1}$ **then**
8:       start = $i - 1$
9:       **while** $i < \text{len}(C)$ and $C_i > C_{i-1}$ **do**
10:         (mean, meandev) = update(mean, meandev, C_i)
11:         $i + +$
12:       **end while**
13:       **while** $i < \text{len}(C)$ and $C_i > C_{start}$ **do**
14:         **if** $\frac{|C_i - mean|}{meandev} > \tau$ and $C_i > C_{i-1}$ **then**
15:           end = $- - i$
16:           break
17:         **else**
18:           (mean, meandev) = update(mean, meandev, C_i)
19:           end = $i + +$
20:         **end if**
21:       **end while**
22:       windows.append(start, end)
23:     **else**
24:       (mean, meandev) = update(mean, meandev, C_i)
25:     **end if**
26: **end for**
27: return windows
28:
29: function **update(oldmean, oldmeandev, updatevalue)**:
30: diff = |oldmean $-$ updatevalue|
31: newmeandev = α*diff + $(1-\alpha)$*oldmeandev
32: newmean = α*updatevalue + $(1-\alpha)$*oldmean
33: return (newmean, newmeandev)

图 3-5-5　峰值检测算法

可见，对比文件 1 公开了权利要求 1 的步骤 A1~A4。

权利要求 1 相对于对比文件 1 的区别特征为：在与异常事件相关的文本内容中，抽取出地理位置实体，并采用聚类方法从抽取的地理位置实体中筛选出异常事件发生的地理位置。基于上述区别特征，权利要求 1 实际解决的技术问题是：如何同时获知异常事件发生的地理位置。

而对比文件 2 公开了一种异常事件识别方法，所述方法包括：抽取每一条与异常事件相关的文本内容中的地理位置实体，并对抽取出的地理位置实体进行分析，获得事件发生的地理位置集合；采用聚类的方式从事件发生的地理位置集合中筛选出群体性地理位置实体，使得对异常事件的监测可视化显示在一张地图上。

由此可见，上述区别特征已被对比文件 2 公开，并且其在对比文件 2 中所起作用与其在本申请中相同，都是用于进行异常事件位置聚类分析并可视化显示，在对比文件 1 的基础上结合对比文件 2 以得到权利要求 1 的技术方案是显而易见的。因此，权利要求 1 不具有突出的实质性特点和显著的进步，不具备《专利法》第 22 条第 3 款规定的创造性。

（三）案例启示

该技术方案是将利用平均值 mean、方差 meandev 的聚类算法应用到微博事件监测中，但并不是简单地将公知的聚类算法转用到了微博事件监测中，而是为了提高微博事件监测的效率和效果，在算法中加入了位置信息，即从监测文本中抽取出地理位置实体，并采用聚类方法从抽取的地理位置实体中筛选出异常事件发生的地理位置，也就是说该方案在解决该应用领域的具体技术问题时对算法进行了特定改进，并且也能获得特定的技术效果，即以可视化形式显示异常事件的地理位置。因此，在创造性判断时需要考量算法的特定改进，结合现有技术，从显而易见性方面判断权利要求是否具备创造性。

需要注意的是，如果与上述评述方法不同，一方面将上述涉及具体数据处理方法的内容在判断保护客体时作为技术手段，而另一方面在评价创造性时仅在并未公开该数据处理方法的对比文件的基础上认为该数据处理方法没有做出技术贡献，从而否定方案的创造性，将存在前后逻辑矛盾、判断标准不一致的问题。

第六节　区别涉及疾病诊断和治疗时如何评判创造性

虽然远程医疗的概念在近两年才引起社会关注，但实施远程医疗所依赖的诊断仪器和设备及数字化、多媒体、图像处理、数据采集、网络互联等技术已经有了数十年的发展和积累。互联网医疗包括了以互联网为载体和技术手段的健康教育、医疗信息查询、电子健康档案、疾病风险评估、在线疾病咨询、电子处方、远程会诊及远程治疗等多种形式的健康医疗服务。

■ 案例15：计算机辅助诊断系统

（一）案情介绍

【背景技术】

CADx 系统能够估计通过 CT 扫描发现肺结节是恶性的可能性。对于肺结节而言，研究工作已经明确地分析了临床危险因素调节恶性统计概率的程度。出于性能效率的原因，希望能在用户访问系统之前执行尽可能多的计算机辅助诊断计算。当前诊断系统的问题在于需要输入所有数据，无论该数据是否作出诊断实际需要的，导致效率低下。因此，希望减少或消除那些不会显著改变诊断的无关临床数据的输入，从而减少用户必须输入的信息量。

【问题及效果】

本申请提供了一种使用医学图像数据执行计算机辅助诊断的系统。该系统通过将数据库中的医学记录和概率与当前图像数据进行比较以做出医学诊断，以假设医学诊断并提供诊断正确的概率。如果诊断概率下降到阈值水平以下，系统提示医学用户输入更多临床数据，以便提供更多信息，基于更多信息，系统能够生成正确率更高的医学诊断。

【实施方式】

参考图 3-6-1，计算机辅助诊断方法 100 包括 CADx 分类器算法，其理想地基于两种数据（"数据类型 1" 和 "数据类型 2"）运行。CADx 算法将患者 CT 图像中的图像数据（即数据类型 1）与临床参数（即数据类型 2）中的临床数据组合。该方法中的第一步包括从数据仓库 110 检索一组与患者相关联的数据的步骤。这种数据可以包括一个或多个定量变量。例如，从医院图片归档和通信系统中自动检索胸廓扫描的 CT 体积（即数据类型 1）。然后向数据类型 1

的数据应用 CADx 算法 120。这种计算的结果尚未表示 CADx 算法步骤的最后诊断。优选无需用户交互进行这种操作。例如，CADx 步骤 100 运行计算机辅助检测算法以在扫描上定位肺节结，运行分割算法以界定肺节结的边界，处理图像以从图像数据中提取一组描述节结的数值特征。然后模式分类算法仅仅基于成像数据估计这个节结是恶性的可能性。

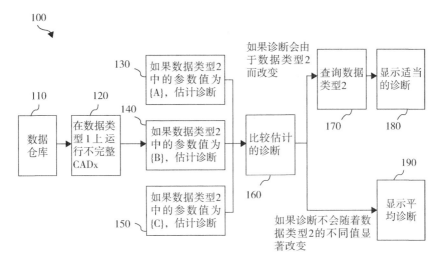

图 3-6-1 计算机辅助诊断方法 100

该方法 100 尚未接收数据类型 2 的数据来完成诊断，因此方法 100 测试提出的数据类型 2 的数据的不同可能值，如果数据类型 2 有 N 个不同值，那么计算 N 个 CADx 结果，数据类型 2 的每个测试值对应一个结果。比较估计诊断步骤 160，比较 N 个不同候选 CADx 计算结果或针对恶性可能性的潜在方案，并判断它们是否在预设公差之内。如果候选 CADx 结果在预设公差之内（即数据类型 2 无影响，依据数据类型 1 足以做出诊断），那么显示步骤 190 为用户显示平均诊断结果。例如，CADx 算法发现肺气肿和淋巴结状态的四种组合在 0~1 的尺度上产生 0.81、0.83、0.82 和 0.82 四种恶性可能性。由于这些值非常接近，所以无需向用户征询这些变量或查询第二数据库。在放射科医师加载该病例时，该方法已经完成了所有前面的步骤并报告 CADx 算法估计恶性可能性为 0.81~0.83。

如果候选 CADx 计算结果差异很大（即数据类型 2 可能改变诊断），那么查询步骤 170 要求用户进一步提供重要的临床信息，然后使用这一精确信息识别向用户显示 N 个 CADx 输出值中的一个数值。例如，对于另一位患者，CADx 方法发现肺气肿和淋巴结状态的四种组合在 0~1 的尺度上产生 0.45、0.65、0.71

和 0.53 四种恶性可能性。四种估计差别较大，因此数据类型 2 可能改变诊断结果。在放射科医师加载该病例时，该方法已经完成了所有前面的步骤，但向放射科医师报告要完成 CADx 计算需要额外的信息（即数据类型 2）。基于增加的数据类型 2 的数据，CADx 选择四种可能性之一作为其最终估计结果，向用户显示这一最终结果。

参考图 3-6-2，提供了用于在计算机辅助诊断方法 100 中融合临床和图像的系统 101，其并入了计算机可操作设备，包括但不限于嵌入计算机存储器内的计算机数据库数据存储器、计算机输出显示终端、用于输入数据的键盘、用于导入和提取数据的接口及实现应用功能需要的任何硬件和软件部件。系统执行图 3-6-1 所描述的方法 100 的步骤。该系统使用软件处理来自数据仓库 111 的数据。该软件在处理器 102 上运行，处理器在基于 CADx 算法 121 的系统上实施不完整数据。利用处理器 102 处理数据，处理器 102 包括执行三种估计 131、141、151 中的至少一个，并随后将这一生成的数据移动到比较器 146 的软件。比较器使用计算机可操作计算模块评估基于不完整数据的诊断是否与利用完整数据生成的估计诊断显著不同。如果不完整数据和完整数据的诊断数据没有显著差异 165，那么两个结果是两个结果的平均值，由处理器 102 提供 167 平均值并在诸如视频显示器的计算机输出模块 103 上显示。然而，如果结果是不同的 163，那么针对数据类型 2 的数据进行查询 171，由处理器 102 提供诊断并在计算机可操作输出模块 103 中显示 175。

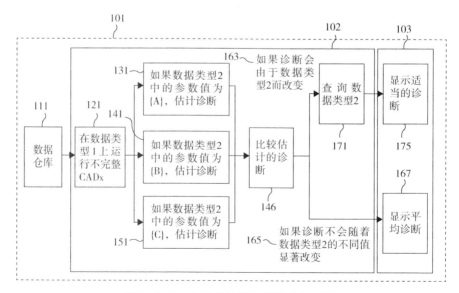

图 3-6-2　交互式计算机辅助分析系统

【权利要求】

1. 一种用于提供医学图像的交互式计算机辅助分析的系统,包括:

图像处理器,用于处理医学图像数据;

决策引擎,用于仅基于经处理的医学图像数据产生诊断并基于具有可能的临床数据的经处理的医学图像数据进一步计算可能的诊断结果,并且用于基于所述诊断和所述可能的诊断结果判断是否需要额外的临床数据;

数据库,包括在先诊断、在先诊断伴随的概率,以及用于在仅给出图像数据、给出具有不完整临床数据的图像数据或给出具有完整临床数据的图像数据时评估疾病概率的分类器算法;

接口引擎,用于响应于所述判断请求和输入所述额外的临床数据;以及

显示终端,用于显示所述计算机辅助分析的结果,

其中,所述决策引擎被进一步配置成:

基于可获得的图像数据和可获得的临床数据确定疾病的概率;

基于一系列针对不可获得的临床数据的可能值重新确定所述概率;

将可获得的数据得出的所述概率及可获得的数据加潜在不可获得的数据得出的所述概率进行比较;

基于对所述医学图像数据的评价估计疾病的可能性;

基于所述医学图像数据加上临床数据的不同值估计具体疾病的可能性;以及

比较所估计的可能性以确定哪种不可获得的数据会显著影响所估计的可能性。

(二) 案例分析

权利要求 1 请求保护的方案借助计算机辅助系统来对诊断过程中可能需要的临床数据进行分析和选择,根据估计结果放弃获取那些不会显著影响疾病诊断的数据,或者确定会显著影响结果的数据并要求获得该部分数据,从而能够在保证结果的情况下减少数据获取和处理量,提高运行速度,节约系统资源。可以看出,在权利要求中决策引擎被配置实现的操作手段是该申请的核心处理手段,图像处理器、数据库、接口引擎和显示终端都是用于围绕此决策引擎设置的辅助性结构,而此操作手段的作用就在于根据临床数据估计患疾病的概率。虽然一项用于估计患疾病概率的方法作为疾病诊断方法不属于专利保护的客体,但是作为一项包括具体结构的系统,在整体判断其已经属于保护客体的情况下,

在创造性评判阶段仍然要秉持同样的整体判断原则，客观对待其中包括的每一个技术特征。因此，在评价创造性时需同等地考量图像处理器、数据库等结构或组成特征以及用于确定疾病概率的具体手段的方法或功能特征。

对比文件1公开了一种辅助医学成像的计算机辅助诊断系统（CAD）和辅助医疗诊断的方法，包括：（1）为特定检查而配置医疗系统；（2）响应于（1）的配置而获取医疗传感器数据；（3）基于配置获取背景数据；（4）使用处理器将医疗传感器数据和背景数据作为特征向量进行分析；（5）基于分析自动推荐进一步动作以用于诊断；其中经过诊断36得到诊断结果并进行不同的结果的输出，即输出诊断结果40或输出进一步的用于诊断的推荐动作42（包括进一步获得图像数据、病人背景数据等）；（6）作为进一步的推荐动作，获取病人背景数据；（7）根据医疗传感器数据、背景数据和响应于进一步推荐动作获得的数据，重复（4）。作为另一种实施方式，动作34（即获取上下文）可以不被提供，此时处理器做出的诊断仅仅基于扫描数据，经过诊断36得到诊断结果，并进行不同的结果的输出，即输出诊断结果40或输出进一步的用于诊断的推荐动作42（包括进一步获得图像数据、病人背景数据等）；

计算机辅助诊断系统包括本地存储器16、远端存储器20，存储器中具有数据库，存储器20包括额外病人背景信息，如在先诊断、在先图像、在先测量或其他信息。使用训练模型或其他CAD基本分析来获取来自医疗传感器的数据和背景信息，如概率分类器或神经网络。使用特征向量和图像的数据库与当前图像和相关特征点比较，分类器或训练模型决定一个特定的概率。请求、数据、算法或其他CAD信息由存储器16提供，使用处理器18执行较高概率的诊断，使用额外的背景数据、图像数据及额外的检测。另外，由于仅通过图像数据也可以进行诊断（对比文件1中，作为另一种实施方式，动作34可以不被提供），具有用于仅给出图像数据、给出临床数据时评估疾病概率的分类器算法；

病人背景数据可以通过用户输入或询问数据库获得；

系统10包括医疗系统12、显示器14，特征向量、测量值和其他相关信息显示在区域56（即用于显示所述计算机辅助分析的结果）；

该权利要求与对比文件1的区别技术特征在于：（1）数据库还包括在先诊断伴随的概率；（2）决策引擎，其用于仅基于经处理的医学图像数据产生诊断并基于具有可能的临床数据的经处理的医学图像数据进一步计算可能的诊断结果，并基于所述诊断进行判断；决策引擎具体为，基于可获得的图像数据和可获得的临床数据确定疾病的概率；基于一系列针对不可获得的临床数据的可能值重新确定所述概率；将可获得的数据得出的所述概率及可获得的数据加潜在不可获得的数据得出的所述概率进行比较；基于对所述医学图像数据的评价估计疾病的可能性；基于所述医学图像数据加上临床数据的不同值估计具体疾病的可能性；以及比较所估计的可能性，以确定哪种不可获得的数据会显著影响所估计的可能性；（3）决策引擎中使用的医学图像数据为具有可能的临床数据经处理得到的，数据库中还包括给出具有不完整或完整临床数据的图像数据时评估疾病概率的分类器算法。基于该区别技术特征可以确定本申请实际所要解决的技术问题为：（1）数据库的存储内容的选择；（2）提供了一种具体诊断的方式；（3）提供了一种数据融合的方式。

对于区别技术特征（1）对比文件1已经公开了保存在先诊断、在先图像和在先测量等相关信息，所属领域的技术人员容易想到将在先诊断伴随的概率这一辅助诊断的相关信息也保存在数据库中，以作为诊断的参考，该特征对于所属领域的技术人员而言是常用技术手段；

对于区别技术特征（3）为便于对临床数据以及图像数据进行处理，将不同类型数据进行格式的转换以得到统一的格式，从而得到具有临床数据的经处理的医学图像数据，同时考虑临床数据是否完整的特点，在数据库中设置给出具有不完整或完整临床数据的图像数据时评估疾病概率的分类器算法，这些对于所属领域的技术人员而言是常用技术手段；

对于区别技术特征（2）对比文件2公开了健康评估服务器。其中具体公开了一种诊断病人病情的方法，该方法包括：（a）在第一时间测量来自用户的试样中一个生物标记项的水平；该生物标记项与病人病情相关；（b）在第二时间测量来自用户的第二试样中上述生物标记项的水平，其中（b）中的生物标记项与（a）中相同；（c）计算（a）和（b）中生物标记项水平的百分比变化；（d）将（c）中的百分比变化与参考值比较：其中若（c）中百分比变化大于或等于参考值，就说明了病人具有罹患该病情的可能性；若（c）中百分比变化小于参考值，就说明了病人具有较小的罹患该病情的可能性。由此可见，该区别技术特征（2）并没有被对比文件2公开。由于区别技术特征（2）包括了对"仅基于经处理的医学图像数据产生诊断并基于具有可能的临床数据的经处理的医学图像数据进一步计算可能的诊断结果，并基于所述诊断进行判断"作进一步的限定，即基于一系列针对不可获得的临床数据的可能值重新确定所述概率，并基于所述医学图像数据加上临床数据的不同值估计具体疾病的可能性，在对比文件1的基础上没有动机对两种诊断作进一步的改进，该区别技术特征也不属于本领域公知常识，并且上述区别技术特征取得使用户必须输入的信息量最小化的效果。因此，权利要求1相对于对比文件1、对比文件2及公知常识的结合具有突出的实质性特点和显著的进步，具备《专利法》第 22 条第 3 款规定的创造性。

在上述的创造性评判中，可以看到权利要求中涉及决策引擎的区别技术特征（2），用来根据临床数据估计患病概率及如何选取临床数据的内容虽然涉及患病概率的诊断，但由于该权利要求请求保护的是一种装置，不属于疾病诊断方法，所以需同样考虑这部分内容对于创造性的影响。鉴于此内容并未被对比文件公开，也不是本领域的公知常识，因此整个方案相对于现有技术是非显而易见的。同时，具有上述决策引擎的技术方案能够带来减少用户输入信息的有益效果，因此权利要求 1 具备创造性。

（三）案例启示

疾病的诊断方法不能被授予专利权的原因在于不应限制医生在诊断过程中选择各种方法的自由，而并非这种疾病诊断方法自身不是技术性的。因此，对于满足保护客体要求的涉及疾病诊断的系统，在创造性评判过程中，对于该部分特征的考量与一般技术特征并无二致，不会因为其涉及疾病诊断而无视其技术作用。如果这部分内容使得整个方案相对于现有技术是非显而易见的，并且能够使方案获得有益效果，那么认为该方案具备创造性。